卓越工程师培养计划规划教材

Android 嵌入式应用开发
（第 2 版）

佘 堃　段 弘　佘佳骏　主 编

电子工业出版社
Publishing House of Electronics Industry
北京·BEIJING

内 容 简 介

本书主要内容包括 Android 基础知识、Android 应用程序开发的基本流程、Android 应用程序开发的常用编程接口、常用控件及一些在应用程序中常用的模块和功能的实现。全书以实例为基础，几乎每章都由实例组成，通过对代码的详细说明和分析来介绍 Android 各类应用开发中需要掌握的基本技能，并在实践中阐明 Android UI、数据库、多媒体、常规通信、浏览器开发和地图等开发的特点。

本书以生动的语言、具体的示例、准确的图表和清晰明了的表现形式，详细阐述 Android 应用程序开发流程和基本方法。本书为读者提供课件和学习资料，请读者登录华信教育资源网（www.hxedu.com.cn）免费下载。

本书可作为各类高等院校计算机及相关专业的实践、实训课程教材，也可作为有一定 Java 编程基础并且想学习 Android 应用程序开发的技术人员的参考书籍。

未经许可，不得以任何方式复制或抄袭本书之部分或全部内容。
版权所有，侵权必究。

图书在版编目（CIP）数据

Android 嵌入式应用开发 / 佘堃，段弘，佘佳骏主编. —2 版. —北京：电子工业出版社，2014.9
卓越工程师培养计划规划教材

ISBN 978-7-121-23934-2

Ⅰ. ①A… Ⅱ. ①佘… ②段… ③佘… Ⅲ. ①移动终端—应用程序—程序设计—教材
Ⅳ. ①TN929.53

中国版本图书馆 CIP 数据核字（2014）第 173063 号

策划编辑：章海涛
责任编辑：郝黎明
印　　刷：北京七彩京通数码快印有限公司
装　　订：北京七彩京通数码快印有限公司
出版发行：电子工业出版社
　　　　　北京市海淀区万寿路 173 信箱　邮编　100036
经　　销：各地新华书店
开　　本：787×1 092　1/16　印张：17.25　字数：386.4 千字
版　　次：2012 年 8 月第 1 版
　　　　　2014 年 9 月第 2 版
印　　次：2019 年 5 月第 5 次印刷
定　　价：39.80 元

凡所购买电子工业出版社图书有缺损问题，请向购买书店调换。若书店售缺，请与本社发行部联系，联系及邮购电话：(010) 88254888。
质量投诉请发邮件至 zlts@phei.com.cn，盗版侵权举报请发邮件至 dbqq@phei.com.cn。
服务热线：(010) 88258888。

序

为贯彻落实《国家中长期教育改革和发展规划纲要（2010-2020年）》的精神，树立全面发展和多样化的人才观念，树立主动服务国家战略要求，主动服务行业企业需求的观念，教育部决定实施卓越工程师教育培养计划。卓越工程师教育培养计划着力提高学生的工程意识、工程素质和工程实践能力，着力提高学生服务国家和人民的社会责任感，着力提高勇于探索的创新精神和善于解决问题的实践能力，是我国工程教育领域的重大改革与创新，有利于全面提高我国工程教育人才培养质量，适应社会主义现代化建设的人才培养需要。

电子科技大学信息与软件工程学院根据卓越工程师教育培养计划指导思想，从培养工程型软件人才的角度出发，围绕嵌入式系统产品研发所需知识体系进行策划，编写了这套系列图书，包括《嵌入式系统导论》、《计算机控制系统》、《现代嵌入式操作系统》、《嵌入式网络编程》和《Android嵌入式应用开发》等，旨在重点强化涉及嵌入式系统领域的知识体系以及应用实践，以嵌入式软件工程思想引导学生较为全面地掌握嵌入式产品研发所需要的理论、应用技术以及工程实践方法。

本系列教材内容覆盖嵌入式系统方向的所有核心知识内容，为读者提供嵌入式系统开发的完整体系结构和思路，使读者能够较为容易地理解嵌入式系统及其开发的本质，掌握基本开发技术，了解并掌握典型的应用实例，为今后走向社会奠定扎实基础。

丛书的出版是我院实施卓越工程师教育培养的一件喜事，标志着我院实施卓越工程师教育培养计划已经走出坚实的一步，也是我院与兄弟院校进行人才培育方案和技术交流的途径。

电子科技大学

前　言

　　云时代的来临，新兴技术如雨后春笋般爆发，个性化体验云终端将令当今世界彻底变革，新的 IT 革命将更加彻底地改变人类的生活。由于人的精力有限，各种云终端开发技术令人难以抉择。然而，经过几年的竞争，具有最广泛厂商支持的开放工业标准——Android 平台和封闭的 iOS 平台成为该领域开发人员的首选。

　　计算机学科是典型的"行重于知"的领域。本书的目标是成为 Android 开发人员的"工具箱"，帮助读者从实践中学习。

　　本书站在 Android 初学者的角度，并且本着易学易用的原则进行编写，为此，书中使用了足够多的精心编写的实例代码，这些代码注释详细，语句易懂，一步一步地引导读者掌握 Android 应用程序开发的方法和技巧。在使用本书的过程中，建议读者通过边学边实践的方式，一定要动手操作。书中所用的所有示例都是通过测试可以正常运行的，读者可通过华信教育资源网 http://www.hxedu.com.cn 注册后免费下载。

　　全书共 11 章。

　　第 1 章为绪论，主要介绍 Android 相关的一些背景常识、Android 的版本历史、Android 系统所具备的一些特点，让读者建立起对 Android 的基本认识。

　　第 2 章为 Android 开发入门，主要介绍 Android 应用程序开发所需要的开发工具及其安装和配置过程，最后实现了 Android 上的第一个经典程序——HelloWorld。

　　第 3 章为 UI（用户界面），主要介绍 Android 应用程序的用户界面，包括界面的几种布局形式、各种常用控件的使用方法、UI 事件捕获与处理、菜单和对话框，覆盖了 Android 用户界面设计和开发所常用的基本结构。

　　第 4 章为 Android 开发框架，主要介绍 Android 应用程序开发框架，包括系统架构、应用程序组成结构、Activity 生命周期、Android 应用程序项目架构、Android 应用程序生命周期，本章内容建立在前 3 章的基础之上，帮助读者建立 Android 应用程序在架构和原理层面上的理解。

　　第 5 章为 Service 应用，主要介绍在 Android 应用程序开发中常用到的 Service 组件，包括原理和实例，并简要介绍 Android 的跨进程调用及 aidl 的使用方法。

　　第 6 章为 Android 数据存储，主要介绍在 Android 应用程序中与数据存储相关的技术，首先是介绍 3 种基本的存储方式 SharedPreferences、File 和 ContentProvider，再介绍 Android 上的 SQLite 数据库编程。

　　第 7 章为多媒体开发，主要介绍在 Android 上音视频的播放与录制、二维/三维图形的绘制方法。

　　第 8 章为 Android 网络通信，主要介绍在 Android 应用程序中如何进行网络通信，包括 HTTP 通信、WiFi 和蓝牙通信。

第 9 章为传感器访问，主要介绍 Android 设备传感器相关 API，先介绍传感器相关理论基础，然后完成了两个传感器应用示例，即指南针和计步器，还介绍了如何在 Android 虚拟设备上（AVD）开发和测试传感器相关应用。

第 10 章为 Google Map API，主要介绍借助 Google Map API，开发具有地理信息功能的 Android 应用程序（LBS）的基本方法，包括如何正确运行起一个地图程序示例、如何在地图上标记位置、测量距离、记录轨迹等。

第 11 章为 Android 浏览器扩展，主要介绍开发浏览器扩展插件的方法，先对浏览器插件进行了介绍，然后介绍了 BrowserPlugin，最后完成了一个浏览器插件的编译和运行。

本书由佘堃、段弘、佘佳骏主编。佘堃对全书内容进行了统稿、修改、整理和定稿，参加本书编写工作的有段弘、左玲、史仁仁、佘佳骏、柏露。佘佳骏负责全书的文字校对、源代码审查与整理工作，柏露负责习题的拟定及习题答案的编写工作。

Android 应用开发是一门实践性很强的课程，相关的技能需要在 Android 应用开发的实践中去逐步掌握。由于 Android 应用程序开发所涉及的内容十分丰富，笔者很难也不可能在本书中穷尽所有的细节。不过笔者相信，当读者研读完本书之后，结合各自的实践经验，一定也会有很多的想法和感受，欢迎提出宝贵意见。

在本书编写过程中参考了相关文献，在此向这些文献的作者深表感谢。由于编者水平有限，书中难免有不妥之处，敬请专家和广大读者批评指正。

读者反馈：unicode@phei.com.cn。

作　者
电子科技大学

目 录

第1章 绪论 ··· 1
- 1.1 Android 介绍 ·· 1
- 1.2 Android 版本历史 ··· 2
- 1.3 Android 系统特点 ··· 3

第2章 Android 开发入门 ··· 6
- 2.1 开发工具 ·· 6
- 2.2 开发工具的安装及配置 ··· 6
  - 2.2.1 安装和配置 JDK ··· 6
  - 2.2.2 安装和配置 Eclipse ·· 8
  - 2.2.3 安装和配置 Android SDK ··································· 9
  - 2.2.4 安装 ADT ··· 10
  - 2.2.5 创建 AVD ··· 12
- 2.3 HelloWorld ·· 14
  - 2.3.1 创建 HelloWorld 工程项目 ································· 14
  - 2.3.2 在模拟器上运行 HelloWorld ······························· 18
- 2.4 本章小结 ··· 19

第3章 UI ··· 20
- 3.1 实例——5 种 UI 布局类型 ·· 20
- 3.2 Android UI 布局 ··· 22
  - 3.2.1 线性布局（LinearLayout） ································· 23
  - 3.2.2 帧布局（FrameLayout） ···································· 26
  - 3.2.3 相对布局（RelativeLayout） ······························· 27
  - 3.2.4 表格布局（TableLayout） ·································· 29
  - 3.2.5 绝对布局（AbsoluteLayout） ······························ 30
  - 3.2.6 常见问题 ·· 31
- 3.3 Android UI 控件 ··· 32
  - 3.3.1 UI 事件捕获与处理 ··· 32
  - 3.3.2 文本框（TextView）、按钮（Button）和可编辑文本（EditText）
   ··· 33
  - 3.3.3 复选框（CheckBox）与单选组框（RadioGroup） ········ 35
  - 3.3.4 下拉列表（Spinner） ······································· 37
  - 3.3.5 自动补全文本框（AutoCompleteTextView） ············· 39
  - 3.3.6 进度条（ProgressBar） ···································· 40
  - 3.3.7 列表（ListView） ··· 42

3.3.8　窗体设置（Window） 48
3.3.9　其他 UI 控件概览 50
3.4　菜单（Menu） 54
3.5　对话框（Dialog） 60
3.6　本章小结 66

第 4 章　Android 开发框架 67

4.1　Android 系统架构 67
4.2　Android 应用程序组成 70
4.3　Activity 的生命周期 72
4.4　Android 的项目架构 74
4.5　AndroidManifest.xml 文件解析 75
4.6　XML 简介 77
4.7　Android 的生命周期 78
4.8　本章小结 79

第 5 章　Service 应用 80

5.1　什么是 Service 80
5.2　跨进程调用 81
5.3　Service 实例——音乐播放器 82
　　5.3.1　使用 startService 启动服务 83
　　5.3.2　使用 Receiver 方式启动服务 88
　　5.3.3　使用 bindService 方式启动服务 89
　　5.3.4　通过 AIDL 方式使用远程服务 92
5.4　本章小结 96

第 6 章　Android 数据存储 97

6.1　Android 数据基本存储方式 97
　　6.1.1　SharedPreferences 97
　　6.1.2　Files 100
　　6.1.3　ContentProvider 103
6.2　Android 数据库编程——SQLite 105
　　6.2.1　SQLite 简介 105
　　6.2.2　SQLite 示例 106
6.3　本章小结 113

第 7 章　多媒体开发 114

7.1　音频 114
　　7.1.1　播放音频 114
　　7.1.2　录制音频 115
7.2　视频 116
　　7.2.1　播放视频 117

	7.2.2 录制视频	117
7.3	使用 Path 类绘制二维图形	120
7.4	使用 OpenGL ES 绘制三维图形	124
	7.4.1 OpenGL 发展历史	125
	7.4.2 OpenGL ES 简介	125
	7.4.3 Android OpenGL ES	126
	7.4.4 示例	126
7.5	本章小结	131

第 8 章 Android 网络通信 ································· 132

- 8.1 引言 ································· 132
- 8.2 Android 网络通信基础 ································· 132
  - 8.2.1 Android 支持的网络通信模式 ································· 132
  - 8.2.2 Android 提供的网络接口 ································· 134
- 8.3 使用 HttpClient 和 HttpURLConnection 接口 ································· 134
  - 8.3.1 HTTP 简介 ································· 134
  - 8.3.2 使用 HttpClient 接口通信示例 ································· 135
  - 8.3.3 使用 HttpUrlConnection 接口通信示例 ································· 138
- 8.4 Android 的 WiFi 开发入门 ································· 141
  - 8.4.1 为 Wi-Fi Direct Intent 创建广播接收器 ································· 143
  - 8.4.2 创建 Wi-Fi Direct 应用 ································· 144
- 8.5 Android 蓝牙开发入门 ································· 150
- 8.6 实例：蓝牙聊天 ································· 158
  - 8.6.1 本机作为服务端参与连接的建立 ································· 158
  - 8.6.2 本机作为客户端参与连接的建立 ································· 160
  - 8.6.3 通信聊天 ································· 161
- 8.7 本章小结 ································· 162
- 8.8 本章习题 ································· 163

第 9 章 传感器访问 ································· 164

- 9.1 传感器 API 介绍 ································· 164
- 9.2 传感器相关的坐标系 ································· 165
  - 9.2.1 世界坐标系 ································· 165
  - 9.2.2 旋转坐标系 ································· 165
- 9.3 获取设备上传感器种类 ································· 166
  - 9.3.1 功能实现 ································· 167
  - 9.3.2 获取的传感器列表 ································· 168
- 9.4 利用传感器实现指南针功能 ································· 168
  - 9.4.1 功能分析及实现 ································· 168
  - 9.4.2 指南针实现效果 ································· 171
  - 9.4.3 在模拟器上开发传感器应用 ································· 172

9.5 利用传感器实现计步器功能 178
  9.5.1 计步器介绍 178
  9.5.2 计步器所需传感器分析 179
  9.5.3 计步器功能实现 180
  9.5.4 计步器实现效果 185
  9.5.5 示例说明 185

第 10 章 Google Map API 186

10.1 在 Google Map 上使用 GPS 定位 186
  10.1.1 Google Play services 的安装 186
  10.1.2 Google Play services 开发文档 187
  10.1.3 配置开发环境 187
  10.1.4 获取 Android Maps API Key 188
  10.1.5 把 API Key 加入应用程序 191
  10.1.6 添加 Google Play services 类库的引用 193
  10.1.7 尝试运行工程 195
  10.1.8 为示例添加 GPS 位置获取功能 195
10.2 在 MainActivity 上标记位置 198
  10.2.1 标记效果 199
  10.2.2 显示地标 199
  10.2.3 弹出式气泡 201
10.3 在地图上测两点距离 210
  10.3.1 测距功能说明 211
  10.3.2 实现测距线程 213
  10.3.3 选点 216
  10.3.4 添加 Handler 处理 219
10.4 在 MapView 上绘制轨迹 219
  10.4.1 轨迹绘制说明 220
  10.4.2 使用 Google Earth 生成 kml 文件 221

第 11 章 Android 浏览器扩展 230

11.1 浏览器插件简介 230
11.2 NPAPI 简介 231
11.3 Android 中的浏览器插件开发分析 232
  11.3.1 BrowserPlugin 结构 232
  11.3.2 BrowserPlugin 中的 NPP APIs 233
  11.3.3 BrowserPlugin 中的 ANPInterface 259
  11.3.4 BrowserPlugin 的工作流程 259
11.4 编译和运行浏览器插件 260

参考文献 264

第1章 绪 论

1.1 Android 介绍

Android 是由 Google 推出的一种以 Linux kernel 为核心的移动操作系统，它开放源码，使得任意个人或组织都能够按照需要对 Android 进行裁剪或扩展，这种开放所带来的优越性使得其在推出后在全球范围内迅速蹿红。

Android 最开始是隶属于一个独立的公司，该公司由安迪·鲁宾（Andy Rubin）创办，Android 系统最开始也是由他设计并开发的。Android 一开始就被设计为专门为手机所使用，经过近几年的发展，它也逐渐变得能够很好地在平板电脑上运行。该公司于 2005 年 8 月 17 日被谷歌（Google）收购并注资，这也标志着 Google 正式进军移动操作系统市场。在 2007 年 11 月 5 日，Google 公司与 84 家硬件制造商、软件开发商及电信运营商组成开放手持设备联盟（Open Handset Alliance）来共同开发改良 Android 操作系统、生产搭载 Android 的智能手机，并逐渐扩展到平板电脑及其他领域。随后，Android 获得了 Apache 免费开源许可证，Google 公司发布了其源代码，同时，建立了一个负责进一步发展和维护 Android 操作系统的 Android 开源项目（AOSP）。

严格来说，Android 并不是一个单一的操作系统，它从下至上由一系列的部分组成。首先在内核层它使用了经过 Google 剪裁和调优的 Linux Kernel，对于移动设备的硬件提供了专门的优化和支持；其次还包括了由 Google 实现的 Java 虚拟机 Dalvik（而不是 Sun 的虚拟机 Hotspot）；在上层，它还包括了大量的立即可用的类库和软件，如 WebKit 和 SQLite 等。另外，Android 还集成了大量由 Google 开发的应用软件。对于开发人员来说，Android 也提供了良好的支持——基于 Eclipse 的完整开发环境，详细的帮助文档和示例等等，帮助开发人员快速地入门。

Android 一词最早出现于法国作家利尔亚当（Auguste Villiers de l'Isle-Adam）在 1886 年发表的科幻小说《未来夏娃》（L'ève future）中。他将外表像人的机器起名为 Android。我们可以认为 Android 的含义就是机器人，因为 Android 的 Logo

图 1-1　Android Logo

也是一个类似于机器人的图像，如图 1-1 所示，该 Logo 由 Ascender 公司设计，其中的文字使用了 Ascender 公司专门制作的称之为 "Droid" 的字体。Android 是一个全身绿色的机器人，绿色也是 Android 的标志颜色。该颜色采用了 PMS 376C 和 RGB 中十六进制的#A4C639 来绘制，这是 Android 操作系统的品牌象征。有时候，也会使用纯文字的 Logo。

1.2　Android 版本历史

Android 系统自发布以来保持了快速的更新步伐，这也使得 Android 系统在相当短的时间里可以得到较大的发展。Android 差不多每半年升级一次，并且每个版本都对应了一个甜点的名称，这些甜点名称的首字母依次按照 CDEFGHI 排序，对应的是 1.5 版 Cupcake（纸杯蛋糕）、1.6 版 Donut（甜甜圈）、2.0/2.1 版 Éclair（闪电泡芙）、2.2 版 Froyo（冻酸奶）、2.3 版 Gingerbread（姜饼）、3.0 版 Honeycomb（蜂窝）、4.0 版 Ice Cream Sandwich（冰激凌三明治）、4.1/4.2/4.3 版 Jelly Bean（果冻豆）以及 4.4 版 Kitkat（奇巧），各版本的发布时间如表 1-1 所示。

2012 年统计数据显示，Android 系统无疑已经成为当时全世界最热门的移动设备操作系统。现在，Android 系统不仅应用于智能手机，也在平板电脑市场急速扩张。采用 Android 系统的主要厂商包括：中国台湾地区的 HTC（第一代谷歌的手机 Google Nexus One（G1）由 HTC 代工），美国的摩托罗拉，韩国的三星（第二、三代谷歌的手机 Google Nexus S 和 Nexus Prime 由三星代工），中国大陆厂商如华为、中兴、联想等。全球范围内每天 Android 设备的激活量高达 150 万。这些数据也暗示了 Android 开发将在未来一段时间内成为热门。

表 1-1　Android 版本发布历史

版 本	备 注
1.1	2008 年 9 月份，第一次发布
1.5(Cupcake)	2009 年 4 月 30 日，官方 1.5 版本（Cupcake 纸杯蛋糕）的 Android 发布，基于 Linux Kernel 2.6.27
1.6(Donut)	2009 年 9 月 15 日，1.6（Donut 甜甜圈）版本发布，基于 Linux Kernel 2.6.29
2.0/2.0.1/2.1(Eclair)	2009 年 10 月 26 日，2.0（Eclair 松饼）版本发布，基于 Linux Kernel 2.6.29
2.2/2.2.1(Froyo)	2010 年 5 月 20 日，2.2（Froyo 冻酸奶）版本发布，基于 Linux Kernel 2.6.32

续表

版 本	备 注
2.3(Gingerbread)	2010 年 12 月 7 日，2.3（Gingerbread 姜饼）版本发布，基于 Linux Kernel 2.6.35
3.0.1/3.1/3.2(Honeycomb)	2011 年 2 月 2 日，3.0（Honeycomb 蜂窝）版本发布，基于 Linux Kernel 2.6.36
4.0(Ice Cream Sandwich)	2011 年 10 月 19 日，4.0（Ice Cream Sandwich 冰激凌三明治）发布，基于 Linux Kernel 3.0.1
4.1/ 4.2 /4.3 (Jelly Bean)	2012 年 6 月 28 日，4.1（Jelly Bean 果冻豆）发布，基于 Linux Kernel 3.0.31
4.4(KitKat)	2013 年 10 月 31 日，4.4（KitKat 奇巧）发布，基于 Linux Kernel 3.10

1.3 Android 系统特点

Android 之所以能够迅速地获得显著的成功，这与它的一些优良特性是分不开的。在系统及核心应用的层面上，Android 具有如下一些特性。

（1）灵活的应用程序框架

Android 所提供的应用程序框架十分灵活，使得各个应用程序的组件能够被方便地重用，应用程序的各个组件也都是可以替换的。

（2）专为移动设备优化设计的 Dalvik 虚拟机

Dalvik 虚拟机是用于运行 Android 程序的虚拟机，是 Android 中 Java 程序的运行基础。其指令集基于寄存器架构，执行其特有的文件格式——dex 字节码来完成对象生命周期管理、堆栈管理、线程管理、安全异常管理、垃圾回收等重要功能。它的核心内容是实现库（libdvm.so），架构由 C 语言实现。依赖于 Linux 内核的一部分功能——线程机制、内存管理机制，Android 能够高效地使用内存，并在低速 CPU 上表现出高性能，每个 Android 应用在底层都会对应一个独立的 Dalvik 虚拟机实例，其代码在虚拟机的解释下得以执行。

Dalvik 虚拟机具有如下一些特点：在编译时提前优化代码而不是等到运行时；虚拟机很小，使用的空间也小，它被设计成可以满足高效运行多种虚拟机实例的要求；常量池已被修改为只使用 32 位的索引，以简化解释器。

（3）集成优秀的浏览器

Android 集成了基于开源的 WebKit 引擎的浏览器，支持各种标准的 Web 技术，如 HTML、CSS、JavaScript、PHP、Ruby On Rails 和 Python 等。WebKit 内核的浏览器在移动设备上应用非常广泛，除了 Android，在 iOS、NOKIA S60 以及黑莓中的浏览器都是基于 WebKit 的。

作为浏览器的内核，WebKit 的作用就是通过输入的一个 HTML 文档，输出一个 Web 页面。WebKit 由 3 部分组成：WebCore，JavaScript Core 和 WebKit。其中，WebCore 是 WebKit 的核心部分，它实现了对文档的模型化，包括 CSS、DOM、Render 等的实现；JavaScript Core 是对 JavaScript 支持的实现。WebKit 的一个优势是开始支持移动设备页面，WebKit 通过一些特殊的 metatag，由设备的浏览器支持。

（4）优化的图形处理

Android 采用了一个定制的二维图形库来进行二维图形处理，同时使用了基于 OpenGL ES 1.0 规范的三维图像处理。

（5）SQLite 数据库

Android 使用 SQLite 数据库来进行结构化的数据存储。

（6）原生支持丰富的媒体格式

Android 原生支持了常见的音视频以及图像格式，包括 MPEG4、H.264、MP3、AAC、AMR、JPG、PNG、GIF。

（7）支持多样的通信方式

Android 支持 GSM、蓝牙、EDGE、3G 和 WiFi（依赖于相应的硬件模块）。

（8）支持多种外设

Android 支持相机、GPS、指南针、加速计等传感设备（依赖于相应的硬件模块）。

（9）完备的开发环境支持

Android 提供的开发套件包括模拟器、调试工具、内存及性能分析工具，以及 Eclipse 插件，再加上详尽的 Android 开发文档，使得开发人员能够更加有效率地进行 Android 开发。

另外，在 Android 平台这个层面上，它又拥有如下几个特点。

① 稳定性

在 Android 1.1 版本刚刚推出的时候，由于其存在的稳定性缺陷，使其在初期并没有引起轰动。不过，随着 Android 快速的更新和完善，这方面的缺陷已经逐渐地被弥补，甚至开始成为 Android 的一个优势，稳定的系统使得用户体验获得相当大的提升，从而推动了 Android 的繁荣。

② 开源

Android 系统的开源特性使得厂商可以随意打上自己的印记。之前的 Symbian 系统和 Windows Mobile 系统使得手机厂商都是以适应操作系统为导向来进行生产的，而 Android 则彻底解放了手机厂商。这正是 Android 系统发布后迅速出现

绪 论

HTC Sence、MOTO Blur 等众多优秀的自定义 UI 的原因。这种模式的出现不仅丰富了用户体验,对于手机厂商而言也是宣扬品牌理念的良好平台,实现了用户、厂商双赢的模式。

③ 免费

在 Android 系统出现之前,智能手机的价格一直居高不下。虽然智能手机在硬件方面确实具有比普通手机更高的要求,但是智能操作系统的授权费用才是其价格高昂的罪魁祸首。而 Android 开源的特性使得手机厂商可以免费地使用 Android 平台,这在一定程度上降低了手机厂商的开发成本,使得厂商更愿意将 Android 平台应用到产品的研发之中。

第 2 章
Android 开发入门

2.1 开发工具

在配置 Android 开发环境之前，必须先了解 Android 开发环境对操作系统的要求。Android 开发所在的操作系统必须是 Windows XP 及以上版本、Mac OS 或者 Linux。本书以 Windows 操作系统为例来讲解。

Android 是主要使用 Java 进行开发的，而 JDK 是进行 Java 开发时所需的开发包；Eclipse 是一种优秀的 IDE，并且是免费的，再配以多种插件，完全可以满足从企业级 Java 应用到手机终端 Java 程序的开发。Google 也提供了基于 Eclipse 的 Android 开发插件 ADT，因此选择 Eclipse 作为 Android 开发的 IDE 是再合适不过了。综上所述，Android 开发所需要的一系列工具包括 JDK+Eclipse+Android SDK+ADT。本章的内容就是指引读者正确地搭建起 Android 开发平台，知道了需要安装什么之后，后续章节将对这些工具进行解释，并给出这些工具的相关版本和它们的下载地址，以及这些工具的安装和相关配置。

2.2 开发工具的安装及配置

2.2.1 安装和配置 JDK

JDK 的全称为 Java Development Kit，是进行 Java 开发的核心组件，也是搭建 Java 开发环境的基本要素。这里还有一个重要的概念——JRE，全称 Java Runtime Environment，即 Java 的运行时环境。JRE 包含了 Java 虚拟机 JVM 及一些标准的 Java 类库，Java 应用程序的运行都要依赖于 JRE。JDK 作为开发工具的集合，很自然地，在安装时就会顺带安装 JRE。JDK 还包括一些其他的工具和基础类库。

很多人不能很好地用 Java 进行开发，就在于对 Java 运行环境了解不够，如果

连 Java 开发所需的环境都配置不好，就更别说开发了。这里将详细介绍 JDK 的安装以及 Java 的环境配置，带领大家一起搭建出一个 Java 开发的基本平台。

首先，从 Java 的官方网站 java.com 下载最新版本的 JDK（Android 开发需要 JDK 版本 1.5 以上），中文下载页面地址为 http://java.com/zh_CN/download/index.jsp，如图 2-1 所示。

图 2-1　JDK 下载

下载完成后直接双击安装程序，运行安装即可。安装完成后对环境变量进行配置。

打开环境变量：在桌面上右键单击"我的电脑"，然后选择"属性"→"高级系统设置"→"环境变量"，如图 2-2 所示。

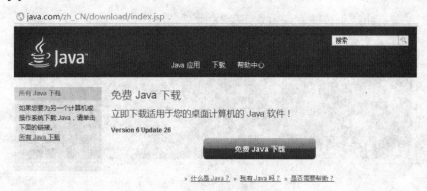

图 2-2　JDK 用户环境变量设置界面

在"Administrator 的用户变量"一栏中新建变量"JAVA_PATH"，其值为安装 JDK 的路径，如默认安装路径为"C:\Program Files\Java\jdk1.6.0_26"。

在同样的地方新建变量 classpath，值为".;% JAVA_ PATH %\lib\dt.jar;%

JAVA_PATH %\lib\tools.jar;% JAVA_ PATH %\jre\lib\rt.jar;"。

修改"系统变量"中"Path"变量的值，为了方便，在 Path 变量的最前面添加 JDK 安装文件中的 BIN 文件夹的路径，默认安装 JDK 的路径为"C:\Program Files\Java\jdk1.6.0_26\bin"，具体根据安装路径而定。

为了确认 JDK 是否安装成功，打开命令提示符，输入"java –version"，出现如图 2-3 所示的结果，就表示 JDK 已经安装成功了。

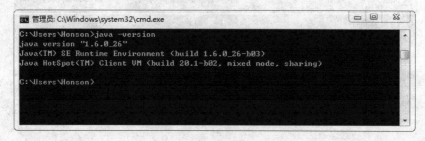

图 2-3　Java 环境变量配置成功

2.2.2　安装和配置 Eclipse

本书选择 Eclipse 作为集成开发工具，进入 Eclipse 的主页 www.eclipse.org，然后选择"Downloads"→"Eclipse IDE for Java Developers"下载即可，如图 2-4 所示。注意选择对应位数（32bit 或 64bit）的操作系统版本。

图 2-4　Eclipse 下载

Eclipse 是免安装绿色软件，解压即可运行使用，如图 2-5 所示。

Android开发入门 第2章

图 2-5 免安装 Eclipse 解压文件

2.2.3 安装和配置 Android SDK

从 Google 官网下载的最新版本的 Android SDK 同样提供了分别适用于 Windows、Mac OS 和 Linux 三种操作系统的版本，选择适合自己的版本进行下载。另外，还需像 JDK 一样，对 Android SDK 设置环境变量。按照设置 JDK 环境变量的步骤，打开环境变量，新建"ANDROID_PATH"，值为 SDK tools 的解压路径，如"D:\android-sdk-windows\ tools"。也可在系统变量中的"Path"中添加 SDK tools 解压路径"D:\android-sdk-windows\ tools"。如果要检验是否安装成功，在命令提示符中运行"android -h"，出现如图 2-6 所示的内容，则表示安装成功。

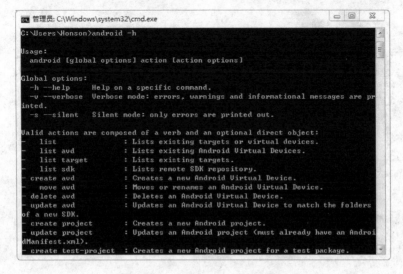

图 2-6 Android SDK 配置成功

2.2.4 安装 ADT

推荐通过 Eclipse 在线安装 Android 的开发工具 ADT。打开 Eclipse，选择上方状态条中的 Help→Install New Software，出现如图 2-7 所示的界面。

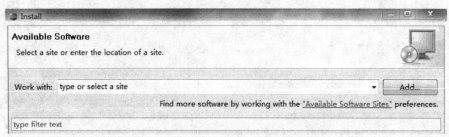

图 2-7　Android ADT 通过 Eclipse 下载

然后在 Work with 中输入"http://dl-ssl.google.com/android/eclipse"，稍等片刻就会出现如图 2-8 所示的界面，再按照步骤提示一直单击"Next"按钮即可。

图 2-8　Android ADT 安装

最后需要设置 Android SDK Location。打开 Eclipse，在上面的工具栏中选择 Window，然后选择 Android SDK and AVD Manager，出现如图 2-9 所示的界面。

Android开发入门

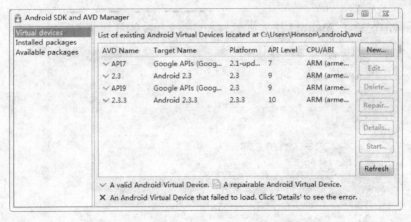

图 2-9 Android SDK and AVD Manager

在界面的左侧选择"Available packages",可以根据开发需求来选择需要安装的 SDK 组件,对于初学者来说推荐全选界面右侧出现的复选框,然后单击右下角的"Install Selected"按钮,开始安装所勾选的组件。由于每个版本的 SDK 的数据量大小可达百兆字节,因此这需要花比较长的时间,请耐心等待。

待安装完成后,在 Eclipse 顶部工具栏中选择 Window→Preferences→Android,出现如图 2-10 所示的界面,单击"Browse"按钮,选择 Android SDK 的解压路径,然后单击"OK"按钮即可。

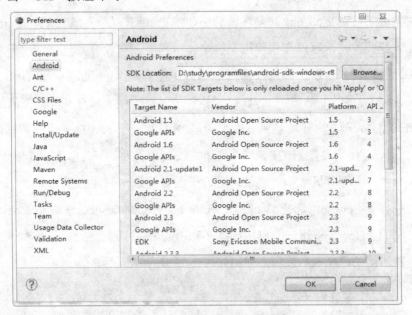

图 2-10 Android SDK 路径设置

现在来检验 SDK 和 ADT 的配置是否成功。打开 Eclipse,依次选择 File→New→Project,出现如图 2-11 所示的界面,如果其中出现 Android 相关选项,则表示已经正确地配置了 Android 相关工具，Android 开发的环境搭建已经成功。

图 2-11　Android 环境搭建成功

2.2.5　创建 AVD

在完成了前面 Android 开发环境的必要配置以后，就可以进行 Android 开发了。在进行开发时，可以直接使用真机来调试程序，在没有真机的情况下也可以借助 SDK 提供的 AVD 工具进行调试。AVD 的全称是 Android Virtual Device，即 Android 虚拟设备，新版本的 AVD 已经具备了真机的绝大部分功能，能满足大部分的调试需要，因此，开发者编写出来的程序可以先使用 AVD 来进行调试。在创建 AVD 时，有些需要配置的选项，如模拟器 SD 卡大小、平台版本、屏幕分辨率、键盘、摄像头、缓存区大小、轨迹球等。下面介绍如何创建一个 AVD。

首先打开 Eclipse，选择 Window→Android Virtual Devices→Virtual devices，单击右侧的"New"按钮，会出现如图 2-12 所示的界面。

单击右侧的"New"按钮，弹出如图 2-13 所示的对话框：

输入名字，选择 Target 的 API 等级，SD Card 的大小建议设置为 50～100MB，Skin、Keyboard 和 Internal Storage 可以保持默认。根据开发者选择的 Device，会自动生成 Memory Options 的 RAM 和 VM Heap 值。当所有的参数设置好以后，单击"OK"按钮，等待几秒钟之后，一个全新的 AVD 就形成了，这个 AVD 将会出现在如图 2-12 所示的列表中。到现在为止，就已经具备了开发 Android 应用程

Android开发入门 第2章

序所需要的足够的资源和工具。后续章节中将介绍如何建立一个简单的 Android 项目。

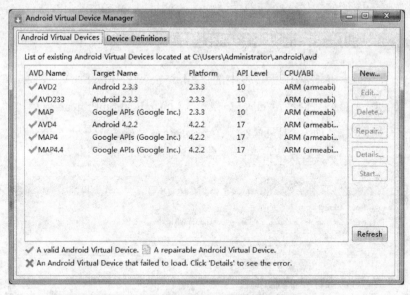

图 2-12　Android Virtual Device Manager

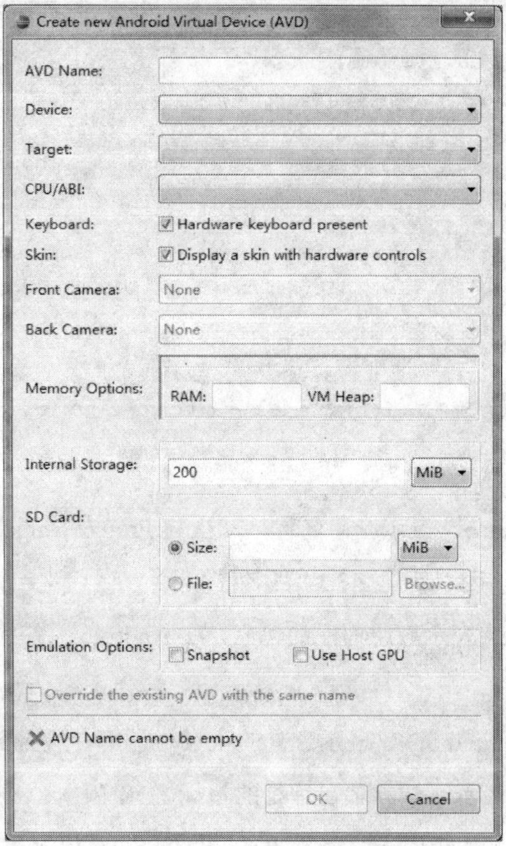

图 2-13　Android AVD 建立

2.3 HelloWorld

本节将示例如何完成一个简单的 Android 项目——HelloWorld。

2.3.1 创建 HelloWorld 工程项目

打开 Eclipse，选择顶部工具栏中的"File→new→project"，出现 New Project 对话框（见图 2-11），选择"Android→Android Application Project"，单击"Next"按钮，出现如图 2-14 所示的界面，输入 Application Name，Project Name 和 Package Name 可以自动生成，当然也可以对其自行修改。

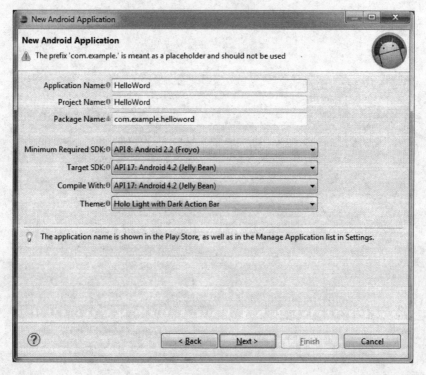

图 2-14　Android 项目创建

"Application Name"表示应用名称，默认与 Project Name 相同；

"Project Name"表示新建立的项目名称；

"Package Name"表示应用程序的包名，在 Android 系统中通过这个包名来唯一标识应用程序；

"Minimum Required SDK"表示建立的项目正常运行所需要的最低 SDK 版本；

"Target SDK"表示所建立项目运行的目标 SDK 版本；

"Compile With"表示用于编译所建立项目的 SDK 版本。

单击"Next"按钮，会出现如图 2-15 所示的界面。

Android开发入门 第2章

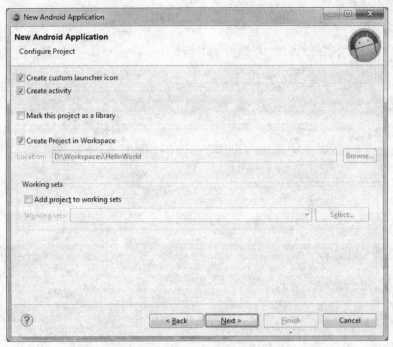

图 2-15　Android 项目创建

在此界面中,有创建启动图标、创建 activity、记此工程为库、在工作区创建工程等选项。按照开发的需求,完成选择后,单击"Next"按钮,就会出现相应选项的配置界面,如图 2-16 和图 2-17 所示。

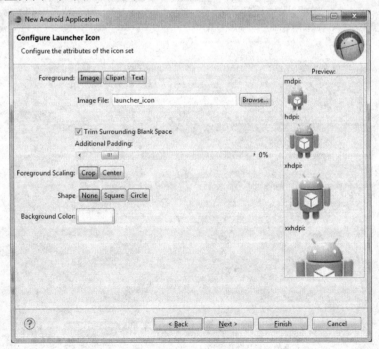

图 2-16　配置启动图标

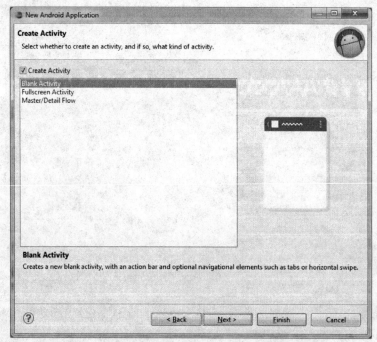

图 2-17 创建 Activity

最后就是 Activity 和 Layout 的命名，在此例子中，分别命名为 HelloWorldActivity 和 main，如图 2-18 所示。

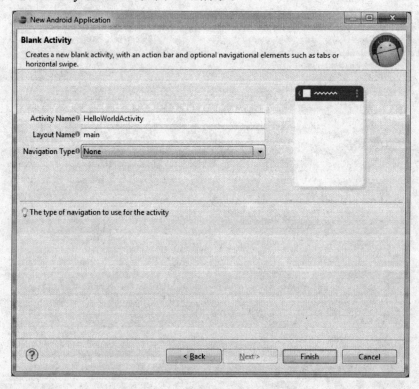

图 2-18 Activity 和 Layout 的命名

Android开发入门

单击"Finish"按钮,工程就建立完成了。Eclipse 左边的工程栏中就会出现新创建的 HelloWorld 的 Android 工程。首先看一下工程目录里/src 下的源码文件 HelloWorldActivity.java,双击该文件会显示该文件的代码,代码如下:

```java
package com.example.helloworld;

import android.os.Bundle;
import android.app.Activity;
import android.view.Menu;

public class HelloWorldActivity extends Activity {

    @Override
    protected void onCreate(Bundle savedInstanceState) {
        super.onCreate(savedInstanceState);
        setContentView(R.layout.main);
    }

    @Override
    public boolean onCreateOptionsMenu(Menu menu) {
        // Inflate the menu; this adds items to the action bar if it is present.
        getMenuInflater().inflate(R.menu.hello_world, menu);
        return true;
    }

}
```

上面的代码是在建立工程的时候 Eclipse 自动生成的,从代码中可以看出:package 就是建立项目的时候填写的包名称;import 表示从 SDK 中导入哪些必需的类库;再下面就是这个 Activity(可以理解为界面)类的主体,对这个界面的相关动作都必须在这个大的代码块之内进行,相当于一个容器,类的名称就是 Activity name 的名称;Activity 内部有一个 onCreate()方法,是程序的入口点,相当于 C/C++中的 main()函数;super.onCreate 调用父类的构造方法;setContentView()方法的功能是将代表该 Activity 布局的资源文件与该 Activity 联系起来,之后在 Activity 执行的时候就会调用此处指定的布局文件来建立起屏幕上的界面布局。在建立项目时,系统会自动生成一个布局资源文件——main.xml,即代码中所引用的 R.layout.main，这是一个只含有一个线性布局的简单布局文件，仅仅可以显示出一段字符串。main.xml 文件内容如下：

```xml
<RelativeLayout
xmlns:android="http://schemas.android.com/apk/res/android"
   xmlns:tools="http://schemas.android.com/tools"
   android:layout_width="match_parent"
   android:layout_height="match_parent"
   android:paddingBottom="@dimen/activity_vertical_margin"
   android:paddingLeft="@dimen/activity_horizontal_margin"
   android:paddingRight="@dimen/activity_horizontal_margin"
   android:paddingTop="@dimen/activity_vertical_margin"
   tools:context=".HelloWorldActivity" >

   <TextView
       android:layout_width="wrap_content"
       android:layout_height="wrap_content"
       android:text="@string/hello_world" />
</RelativeLayout><!--相对布局 -->
```

xmlns:android 是一个 XML 命名空间，它用于告诉开发工具该应用需要使用 Android 命名空间里的一些通用属性。在所有 Android XML 设计文件中最外层的标记必须使用这个属性。

正如前面提到的，系统会生成一个相对布局（RelativeLayout）和一个文本框（TextView）显示一个字符串。

这里补充一点：在 xml 文件中，用<!-- -->来注释代码。

2.3.2 在模拟器上运行 HelloWorld

在 2.3.1 小节中建立好 HelloWorld 工程后，本节描述如何用模拟器来运行 HelloWorld 工程。在 Eclipse 中选择 Run as→Android Application，模拟器会自动启动，之后就会出现如图 2-19 所示的界面。可以看到，该应用程序显示出了希望看到的字符串，从而确定了程序的正确运行，也进一步验证了开发环境搭建的正确性。有了搭建好的开发环境，就可以顺利地进行下一步的学习了。

Android开发入门

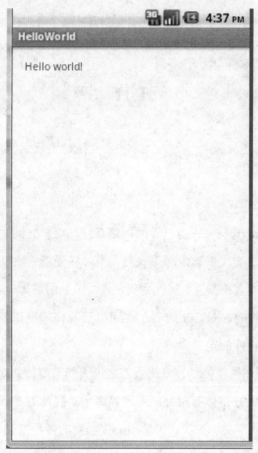

图 2-19 HelloWorld 运行效果图

2.4 本章小结

通过本章的学习,读者学会了如何搭建 Android 开发环境,以及如何创建并运行 Android 项目。为了进一步加深读者的兴趣并使读者能够充分地掌握 Android 应用开发的流程,第 3 章将首先介绍如何编写 Android 用户界面。

第 3 章 UI

UI，即 User Interface——用户界面，是系统与用户之间进行交互和信息交换的媒介，主要作用是实现信息内部形式与人类可接受形式之间的转换。用户界面设计包括了对软件的人机交互、操作逻辑、界面美观的整体设计。好的 UI 不仅仅可以让软件变得个性有品位，更重要的是可以让软件的操作变得舒适、简单而自由，并且充分体现软件的定位和特点。

UI 对于应用程序的重要性，好比衣着之于人的重要性，对人来说，好的衣着不仅可以使得自己大方得体有精神，还可以满足功能性的需求，如保暖、透气甚至是口袋易用性。从广义上来说，生活中所接触到的各种产品都涉及 UI 设计，如汽车、冰箱、空调等。一个好的 UI 设计都会体现出这样的共同点：它们使用方便，易于上手，提示信息清晰明了，很少有歧义性的操作出现。

UI 的重要性毋庸置疑，对于将要学习的 Android 应用开发来说也一样。本章将介绍如何开发 Android 应用程序的用户界面。

3.1 实例——5 种 UI 布局类型

首先演示一个例子，读者可以观察一下出现的界面，以初步认识一下 Android 的用户界面。3.2 节再具体介绍这些界面怎么设计，怎么布局。为此，导入随书提供的示例项目 LayoutDemo，导入的方式很简单，单击 Eclipse 工具栏中的 File 选项，在弹出的菜单中选择 Import，在弹出的对话框中选择"General→Existing Projects into Workspace"，然后单击"Next"按钮。之后单击"Select root directory"后面的"Browse"按钮，浏览至存放项目文件夹的位置，单击"Finish"按钮即可，如图 3-1 所示。

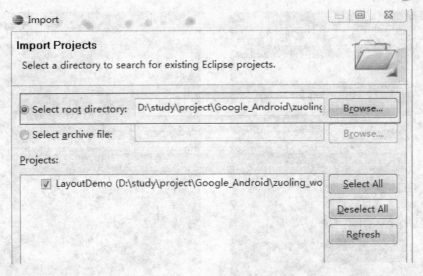

图 3-1 导入已存在的项目示意图

项目导入之后运行，会出现如图 3-2 所示的界面，这是一个典型的线性布局（LinearLayout）界面，通过单击该界面里面的各按钮，可以看到如图 3-3 所示的帧布局（FrameLayout）界面、如图 3-4 所示的相对布局（RelativeLayout）界面、如图 3-5 所示的表格布局（TableLayout）界面和如图 3-6 所示的绝对布局（AbsoluteLayout）界面。这就是 Android 5 种典型的用户界面布局方式。

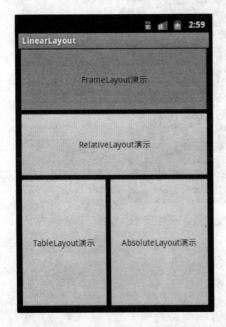

图 3-2 LinearLayout 布局示意

图 3-3 FrameLayout 界面

图 3-4　RelativeLayout 界面　　　　　图 3-5　TableLayout 界面

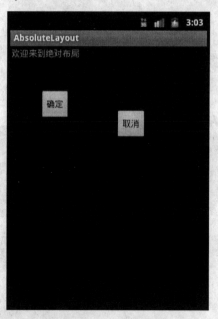

图 3-6　AbsoluteLayout 界面

3.2　Android UI 布局

　　3.1 节通过 LayoutDemo 演示了 Android 的 5 种界面布局，本节将详细介绍前面所接触到的 5 种界面布局类型。在开始具体的介绍之前，首先补充一点 Android 用户界面的相关知识。

一个 Android 应用程序的用户界面是由若干个 View（视图，可以理解为后面将要介绍的控件）和 ViewGroup（视图群组，即可理解为本节介绍的各种布局类型）所组成的。从类的结构上来说，View 和 ViewGroup 都属于 android.view 包，而 View 和 ViewGroup 又派生了很多子类。ViewGroup 是可以嵌套的，即一个 ViewGroup 中可以包含另一个或多个 ViewGroup，各种各样的 ViewGroup 和 View 就可以组成所需要的用户界面。可以用一个树形结构来描述用户界面的结构，如图 3-7 所示，一般来说 ViewGroup 就是树形结构中的父级节点，而 View 是叶节点。

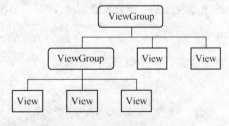

图 3-7 用户界面的树形结构

了解了用户界面的组成方式，那么如何来定制所需要的用户界面呢？Android 为开发人员提供了两种声明的方式。

① 在 XML 文件中声明 UI 元素。Android 提供了使用 XML 语法方式来声明 UI 视图，这些 XML 文件存放在项目树下的/res/layout 目录下，Android 为每种 View 都提供了很多属性，通过设置这些属性来达到定制用户界面的目的。

② 在 Java 代码中实时地声明 UI 元素。对于第一种方法中提到的用于定制 View 的 XML 属性，基本上每种可以在 XML 中设置的属性都对应了一个 Java 方法，可以在 Java 代码中使用这些方法来声明 UI 元素。

为了把一个视图结构显示到屏幕上，就需要在对应的 Activity 中使用 setContentView()方法，并向这个方法传递一个视图结构的根节点的引用，这个引用可以是/res/layout/下的 XML 文件的 ID（这个 ID 由 ADT 自动生成），也可以是在代码中声明的 View 类对象。系统在接受此引用后，就开始绘制视图。

在大多数情况下，声明视图结构使用的是 XML 布局文件。XML 文件中的每个视图节点都对应了一个 UI 元素，如<TextView>元素将在 UI 中生成一个文本，<LinearLayout>元素将创建一个 LinearLayout 视图组。下面具体介绍 5 种常用的界面布局：LinearLayout、FrameLayout、RelativeLayout、TableLayout 和 AbsoluteLayout。通过这几种布局类型的组合、嵌套，可以实现各种丰富的视图结构。

3.2.1 线性布局（LinearLayout）

如图 3-2 所示是一个典型的线性布局。在 Android 系统中，线性布局是一种最常用的布局。在这种布局方式中,包含在界面中的各种控件元素都排列在同一个方向。这个方向可以视情况而定,可以是水平方向,也可以是竖直方向,通过对应 XML 文件中的变量 android:orientation 来控制。如果是竖直方向,则设置为 android:orientation="vertical";如果是水平方向,则设置为 android:orientation="horizontal"。在竖直方向的排列方式中,每个元素都是从上到下一个挨着一个排列;而在水平方向的排列方式中,每个元素都是从左到右一个挨着一个排列。图 3-2 中同时展示了这两种排列方式,下面来详细看一下编码的实现。

首先查看 main.xml 中的部分代码:

```xml
<?xml version="1.0" encoding="utf-8"?>
<LinearLayout
    xmlns:android="http://schemas.android.com/apk/res/android"
    android:layout_width="fill_parent"
    android:layout_height="fill_parent"
    android:orientation="vertical"><!--该LinearLayout的内部排列方向是垂直,若要显示横屏,直接将orientation的值改为horizontal-->
<LinearLayout android:id="@+id/linearLayout1"
    android:orientation="vertical"
    android:layout_width="fill_parent"
    android:layout_height="fill_parent"
    android:layout_weight="1">
    <Button android:text="FrameLayout演示"
        android:id="@+id/button1" <!--该id用于在Java代码中建立起引用-->
        android:layout_width="fill_parent"
        android:layout_height="wrap_content"
        android:layout_weight="1"><!--权重属性,值越大代表空间所占比例越大-->
    </Button>
    ......
</LinearLayout>
```

<?xml version="1.0" encoding="utf-8"?>这是 XML 的标记语言,只是声明 XML 的版本和编码方式。

可以通过直接编写 XML 文件来设计布局,ADT 还提供了可视化的设计工具,在 Eclipse 中打开 main.xml 并选中"Graphical Layout"选项卡,打开设计线性布局界面,如图 3-8 所示。

在这个可视化窗口中,可以直接使用拖动左边控件的方式来进行界面设计,方法比较简单,在此不再赘述。上面代码涉及的几个参数的作用简单介绍如下。

① android:id 属性定义控件的 ID,用于在 Java 代码中与 Java 对象建立起关

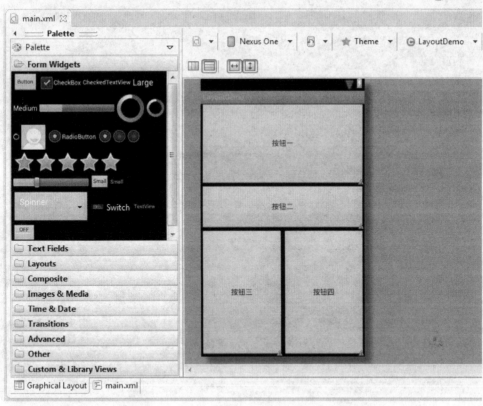

图 3-8　Eclipse 图形编辑界面

联，设置方式为 android:id="@+id/<控件 id>"。

② android:layout_width 属性用于设定控件的宽度，android:layout_height 属性设定控件的高度。这两个参数可以直接使用绝对数值，但是为了界面布局的通用性，较多使用 Android 提供的两个值：fill_parent 表示控件的长或者宽根据父容器的长和宽填充满父容器的空间，wrap_content 表示控件的长和宽只需要将控件内的内容包裹住就可以了，表达方式为 android:layout_width= "wrap_content"。

③ android:layout_weight 的作用是给线性布局中的多个视图设置所占比例的权重。在线性布局中，每个视图都有一个 android:layout_weight 值，如果没有显式地声明则为默认值 0，表示按照视图的实际大小在屏幕上显示。当该属性被赋予一个大于零的值时，则将父容器中的可用空间进行分割，分割的大小根据每个视图的 android:layout_weight 值来确定，权值越大所占比例越大。

前面的实例中实现了通过单击按钮来打开新的界面视图的功能，下面来看实现按钮键响应的代码，在此处不对 UI 事件的响应处理进行介绍，UI 事件响应可参阅 3.3.1 小节的内容。

```
public class LayoutDemo extends Activity {
    OnClickListener ocl1 = null;                    //定义监听器
    Button bt1;                                     //定义按钮
    ......
    /** Called when the activity is first created. */
    @Override
    public void onCreate(Bundle savedInstanceState) {
        super.onCreate(savedInstanceState);
        ocl1 = new OnClickListener(){               //实现监听
            public void onClick(View v){
                Intent it1 = new Intent(LayoutDemo.this,FrameLayout.class);
                //实现程序跳转
                startActivity(it1);
            }
        };
        ......
        setContentView(R.layout.main);              //建立起布局文件引用
        bt1 = (Button) findViewById(R.id.button1);  //获取按钮的引用
        bt1.setOnClickListener(ocl1);               //对按钮实现监听
    }
}
```

课后习题

1. LinearLayout 中默认会使其中的控件平均分配所占控件，要更改这种设置就需要改变 LinearLayout 中各控件的 Layout_weight 属性，请尝试修改示例中的 LinearLayout 使得其内部控件按不同大小显示。

2. 改变 Button 的布局，使一个 LinearLayout 中放一个横着的 Button，另一个 LinearLayout 中放三个都竖着的 Button。

3.2.2 帧布局（FrameLayout）

帧布局的一个简单实现见图 3-3，在图中似乎还看不出 FrameLayout 的特性。在 Android 系统中，一个帧布局（FrameLayout）对象就是提前在屏幕上预订好的空白区域，使用时可以填充某些内容到这个空白区域里面，但是所有填进这个空白区域的内容都是在这个屏幕的最左上方，在这个空白区域中，无法为某个元素指定确切的放置位置。如果向帧布局里面添加了多个元素，那么先添加的元素将会被后添加的元素所覆盖或者部分遮挡（除非后一个元素是透明的）。总而言之，一个帧布局中只能有效地显示一个元素。下面看一下 layout_frame.xml 文件，因为前面讲解 main.xml 的时候对一些参数进行了讲解，这里就不再重复。

```xml
<?xml version="1.0" encoding="utf-8"?>
<FrameLayout android:id="@+id/frameLayout1"
    ……>
    <TextView android:id="@+id/textView1"
            android:text="这是一个测试小例子"
            android:layout_width="fill_parent"
            android:layout_height="wrap_content">
    </TextView>
</FrameLayout>
```

了解了 XML 文件里面的内容之后，再来看 FrameLayout.java 文件里的内容：

```java
public class FrameLayout extends Activity {
    public void onCreate(Bundle savedInstanceState){
        super.onCreate(savedInstanceState);
        setContentView(R.layout.layout_frame);
        setTitle("FrameLayout");
    }
}
```

上面的代码是一个基本的 Activity，因为只演示布局界面，所以没有关于控件的操作。

课后习题

1. 在示例的基础上再添加一个任意控件（如 Button），观察会有什么效果。
2. 在 FrameLayout 中加入 3～4 个控件并运行，观察出现什么效果。

3.2.3 相对布局（RelativeLayout）

在 Android 中，相对布局（RelativeLayout）是一个容器，这个容器允许其子元素指定它们相对于其他元素或父元素的位置（通过元素的 ID 来指定是相对于哪个元素的位置）。因此，可以通过向右对齐、向上或者向下对齐、置于屏幕中央等形式来排列界面中的元素。元素的相对关系跟顺序有关，如果第一个元素在屏幕的中央，那么相对于这个元素的其他元素将以屏幕中央的相对位置来排列。如果要在 XML 中指定某个元素的相对位置，那么在定义这个元素之前，必须先定义它要相对应的元素，见图 3-4。下面来看 layout_relative.xml 中的代码：

```xml
<?xml version="1.0" encoding="utf-8"?>
<RelativeLayout android:id="@+id/relativeLayout1"
    ……>
```

```xml
<TextView android:id="@+id/textView1"
        android:layout_alignParentLeft="true"
        android:text="请输入密码查看短信: "
        android:layout_width="wrap_content"
        android:layout_height="wrap_content">
</TextView>
<EditText android:id="@+id/editText1"
        android:text=""
        android:layout_width="fill_parent"
        android:layout_height="wrap_content"
        android:layout_below="@id/textView1">
</EditText>
<Button android:id="@+id/button1"
        android:layout_width="wrap_content"
        android:layout_height="wrap_content"
        android:text="取消"
        android:layout_below="@id/editText1"
        android:layout_alignParentRight="true"
        android:layout_marginLeft="10dip">
</Button>
<Button android:id="@+id/button2"
        android:layout_width="wrap_content"
        android:layout_height="wrap_content"
        android:text="确定"
        android:layout_toLeftOf="@id/button1"
        android:layout_alignTop="@id/button1">
</Button>
</RelativeLayout>
```

需要注意下列几个用于描述位置关系的参数。

- android:layout_below="@id/editText1"：将当前的元素放在 ID 为 editText1 的元素下面。这种布局有一个好处就是不需要去关注很多细节，并且这种布局方式的适配性比较强，在各种大小的屏幕或者手机上都可以使用。
- android:layout_toLeftOf="@id/button1"：设定元素放置在 ID 为 button1 的元素左边。
- android:layout_alignTop="@id/button1"：设定元素和 ID 为 button1 的组件等高。
- android:layout_alignParentRight="true"：设定当前元素和父容器的右边等高。
- android:layout_marginLeft="10dip"：设定当前元素的左边距为 10dips。

课后习题

1. 将示例中的 Button 放到屏幕的最左边。

2. 将示例中的 Button 与 TextView 改变位置,并将 Button 放在屏幕的左右两端。

3.2.4 表格布局(TableLayout)

表格布局(TableLayout)需要与 TableRow 联合使用。每个表格布局是由一个个 TableRow 组合而成的,每个 TableRow 都会定义一个行(Row),而每个 TableRow 又可以包含几个列(Cloumn)。表格布局由行和列组合成许多单元格,单元格可以为空,但是不能跨列。如图 3-5 所示就是简单的表格布局。下面来看 layout_table.xml 中的代码:

```xml
<?xml version="1.0" encoding="utf-8"?>
<TableLayout android:id="@+id/tableLayout1"
    ……>
    <TableRow android:id="@+id/tableRow1">
        <TextView android:id="@+id/textView1"
            android:text="用户名:"
            android:textStyle="bold"
            android:gravity="right"
            android:padding="3dip">
        </TextView>
        <EditText android:id="@+id/editText1"
            android:text=""
            android:padding="3dip"
            android:scrollHorizontally="true">
        </EditText>
    </TableRow>
    ……
</TableLayout>
```

需要说明的两个属性如下。

- android:padding="3dip":表示当前元素与父容器边界的距离。其中,Android 中的 margin 也表示边距,不同的是,padding 是针对于它的父容器而言的,而 margin 是站在自身的角度,表示自身与其他元素的间距。
- android:gravity="right":表示当前元素中的内容靠右显示。该变量可以有 3 个值 left、right、center,分别表示靠左、靠右、居中显示。Android 中还有布局上的 android:layout_gravity,表示当前组件相对于父容器的显示位置。

课后习题

1. 在示例中的编辑框(第二列控件)后面加入一列文字解释(第三列文本控件)。

2. 将上题中第二、第三列控件按实际大小显示,第一列控件按占满剩余空间显示。

3.2.5 绝对布局(AbsoluteLayout)

绝对布局(AbsoluteLayout)可以让界面中的各组件设定准确的 x、y 坐标值,并显示在屏幕上。(0, 0)为左上角,当向下或向右移动时,坐标值将变大。绝对布局没有页边框,允许元素之间互相重叠(尽管不推荐)。通常情况下不推荐使用绝对布局,因为这种布局方式的界面代码太过硬性,不灵活,导致在不同的设备上不能很好地工作,除非有充分的理由需要使用它。

下面来看 layout_absolute.xml 中的内容:

```xml
<?xml version="1.0" encoding="utf-8"?>
<AbsoluteLayout android:id="@+id/absoluteLayout1"
   ……>
   <TextView android:id="@+id/textView1"
         android:text="欢迎来到绝对布局"
         android:layout_width="fill_parent"
         android:layout_height="wrap_content"
         android:layout_x="2dip"
         android:layout_y="2dip">
   </TextView>
   ……
</AbsoluteLayout>
```

在绝对布局中,android:layout_x 和 android:layout_y 分别设定了当前组件在屏幕中的具体位置,这会使整个界面显得不够灵活,一般不推荐使用绝对布局。

课后习题

1. 将示例中的按钮并列放在屏幕最下方的最左端。

2. 在示例中加入两个 Button,放在左下角和右下角。

3. 将第 2 题中完成的项目分别使用几个分辨率不同的模拟器进行测试,观察出现的区别。

3.2.6 常见问题

读者可以跟随本章介绍的知识自己再在 Eclipse 中从新建空的 Android 项目开始，逐步实现上述几种布局的效果，这里说明在运行项目时可能会遇到如下情况：当单击 LayoutDemo 主界面的按钮后，并没有预期的后面几个 Activity 的出现。下面简要说明一下出现该情况的原因。

在 Android 中，如果需要在同一个项目中的一个 Activity 里面调用另外的 Activity，这时就需要在项目目录下的 AndroidMainfest.xml 文件中加上其他几个 Activity 的声明，这样才能使 Android 能够找到欲调用的 Activity。代码如下：

```xml
<?xml version="1.0" encoding="utf-8"?>
<manifest xmlns:android="http://schemas.android.com/apk/res/android"
          package="com.android.layout"
          android:versionCode="1"
          android:versionName="1.0">
  <application android:icon="@drawable/icon" android:label="@string/app_name">
    <activity android:name=".LayoutDemo"
    ......
    </activity>
    <activity android:name=".FrameLayout" android:label="@string/app_name">
    </activity>
    <activity android:name=".RelativeLayout" android:label="@string/app_name">
    </activity>
    ......    <!--此处省略TableLayout和AbsoluteLayout的Activity声明-->
  </application>
</manifest>
```

之后就可以通过单击按钮来跳转到对应界面了。

另外，介绍一个小知识。在 Android 中，描述视图大小的单位有如下几种：

- px 表示像素（pixels）。
- dip 表示不依赖于设备的像素（device independent pixels）。
- sp 表示带比例的像素（scaled pixels-best for text size）。
- pt 表示点（points）。
- in 表示英尺（inches）。
- mm 表示毫米（millimeters）。

3.3 Android UI 控件

UI 控件就是为用户界面提供服务的视图对象。Android 提供了一系列功能强大且形式丰富多彩的控件,来协助开发人员快速地建立起应用程序的 UI。从广义上来说,前面 3.2 节所介绍的几种 Layout 也属于 UI 控件。Android 提供的 UI 控件分别包括了几种 Layout 和多种组件(widget),如 Button(按钮)、TextView(文本)、EditText(文本编辑框)、ListView(列表)、CheckBox(复选框)、RadioButton(单选按钮)、Spinner(下拉列表)、AutoCompleteTextView(带自动补全的文本框)、图片切换器(ImageSwitcher)等。另外还有一些较复杂且常用的控件,如时间日期选择控件和缩放控制控件。当然,开发人员可以自己创建一些控件供应用程序使用,只要按照一定的标准去自定义视图对象或者直接在已有控件上进行扩展和合并即可。读者可以在 Android SDK 的 android.widget 包下面找到所有系统已定义好的控件。由于许多 UI 控件在使用方法上存在着共性,因此本节将选择性地对一些控件的使用方法进行介绍。

3.3.1 UI 事件捕获与处理

当各种 UI 控件被添加到应用程序用户界面中后,部分控件需要对用户的操作事件进行捕获和响应处理,例如 Button 需要响应用户单击、按下等事件,只有实现了对这些事件的处理,才能算是与用户进行了交互。在这个交互过程中就包括了响应和处理两个过程,其中响应过程就涉及 Android 对 UI 事件提供的一系列事件响应函数和回调函数,而处理过程则是这些函数中的具体实现代码。这里介绍一下让控件捕获用户操作事件的两种方式。

① 定义一个事件监听器并将其绑定到相应的控件。用于监听用户事件,View 类包含了一系列命名类似于 On<Action-name>Listener 的接口,每个接口都提供了一个命名类似于 On<Action-name>()的回调方法。例如,响应视图单击事件的接口和方法分别是 View.OnClickListener 和 onClick()方法,响应触屏事件的接口和方法分别是 View.OnTouchListener 和 onTouch()方法,响应设备按键事件的接口和方法分别是 View.OnKeyListener 和 onKey()方法等。所以,如果某控件需要在它被单击时获得通知,就需要实现 OnClickListener 接口并定义其 onClick 回调方法,然后通过控件的 setOnClickListener()方法进行注册绑定。

② 重写回调方法。这种方式主要用于自主实现的控件类,允许为自主实现的

控件上接收到的每个事件定义默认的处理行为，并决定是否需要将事件传递给其他的子视图。

3.3.2 文本框（TextView）、按钮（Button）和可编辑文本（EditText）

TextView、Button 和 EditText 控件是最基本也是最常用的三种 UI 控件，在各种各样的应用中，这三种控件几乎无处不在，在 3.2 节界面布局的例子中就已经使用过这三种控件。通常来说，TextView 包含了一段提示文字，作为另一个控件的搭配说明；Button 则是相应单击事件，可以将 Button 理解为可以单击的 TextView；而 EditText 则用于接受用户的输入。

首先演示一个涉及这三种控件的例子，运行效果如图 3-9 和图 3-10 所示。

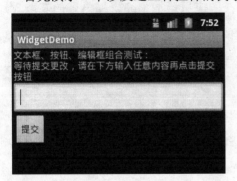
图 3-9　初始状态

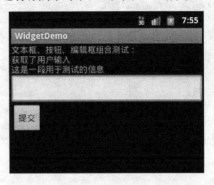
图 3-10　操作后状态

程序初始化时给 TextView 设置默认值，在按钮被单击后出现响应，使得文本框内容发生改变（改变后的内容将包含在 EditText 中输入的信息）。实现该功能的代码如下：

```java
public class WidgetDemo extends Activity {
    Button bt;                                  //定义按钮
    TextView tv;                                //定义文本框
    EditText et;                                //可编辑文本
    OnClickListener ocl = null;                 //按钮单击事件监听器
    @Override
    public void onCreate(Bundle savedInstanceState) {
        super.onCreate(savedInstanceState);
        setContentView(R.layout.main);
        bt = (Button)findViewById(R.id.button1);        //初始化按钮
        tv = (TextView)findViewById(R.id.textView1);    //初始化文本框
        tv.setText("文本框、按钮、编辑框组合测试：\n 等待提交更改，请在下方输入任意内容再单击提交按钮");
```

```
    ocl = new OnClickListener(){                    //设置文本框内容
                                                    //定义监听器
        public void onClick(View v){
        CharSequence et_text = et.getText();     //获取编辑框中的内容
            tv.setText("按钮单击前,内容是: "+tv_before +"\n"+ "单击按钮后,文本框
            内容改变了! ");                          //修改文本框内容
        }
    };
    bt.setOnClickListener(ocl);                      //单击事件监听器绑定到按钮
}
```

代码主要建立了 TextView、Button、EditText 三种控件的对象,并与相应的 XML 元素进行绑定,然后实现了对 Button 单击事件的响应处理,这与 3.2 节中界面布局的响应按钮的实现类似。本例在响应里增加了编辑框内容的获取(通过 getText()方法),并重新设置了文本框的内容(通过 setText()方法)。另外,可以注意到一个差别,由于这个程序没有涉及界面的跳转,因此代码没有 Intent 出现。

main.xml 文件中的代码在此就不再列出,只涉及一个 LinearLayout 布局及三个依次排列的控件,各控件只需要参考 SDK 文档中提供的各种属性进行设置即可。例如,可以对文本框的颜色(通过 android:textColor="#ffffff"来设置)、大小(通过 android:textSize="10sp"来设置)、背景颜色(通过 android:background="#cc0000"来设置)、与父容器的边界距离(通过 android:padding ="10dip"来设置)等变量进行赋值等,在代码中还可以通过调用相关的方法来实时改变这些属性值,正如代码中设置 TextView 的内容一样。

课后习题

1. 在 TextView 中填入带有超链接的内容。
2. 将 TextView 设置显示内容为斜体。
3. 将 Button 的背景颜色设置为红色,字体的颜色设置为蓝色。
4. 实现对一个按钮单击事件的响应:单击按钮改变按钮上的文本。
5. 查阅 ImageButton 相关资料,并做出图片按钮。
6. 设置 EditText 中输入的文字为红色。
7. 设置 EditText 默认显示"请输入内容",单击 EditText,该文字消失。

3.3.3 复选框(CheckBox)与单选组框(RadioGroup)

在实际的应用程序中,往往会接触到在几个选项中选择一个或者多个选项的操作需要,例如批量删除名片、设置情景模式的操作,这时候就需要用到复选框或者单选组框,Android 也提供了这两种控件,本节将对这两种控件进行介绍。

同样以一个项目为例进行介绍,该项目名称为 SelectionDemo,运行效果截图如图 3-11 和图 3-12 所示。

图 3-11　初始化状态　　　　　　　　图 3-12　选择后状态

下面列出该示例的关键代码:

```java
public class SelectionDemoActivity extends Activity {
    CheckBox cb1;                    //依次定义三个CheckBox
    ......
    RadioGroup rg;                   //用于组合选项的RadioGroup
    RadioButton rb0;                 //依次定义三个RadioButton
    ......
    TextView tv1;                    //分别用于CheckBox和RadioGroup的提示信息
    TextView tv2;
    OnClickListener ocl1 = null;     //分别用于CheckBox和RadioGroup的单
                                     //击监听器
    OnClickListener ocl2 = null;
    String s = "";                   //代表CheckBox的多项选择结果
    @Override
    public void onCreate(Bundle savedInstanceState) {
        super.onCreate(savedInstanceState);
        setContentView(R.layout.main);          //以下几行对视图进行绑定
        cb1 = (CheckBox)findViewById(R.id.checkBox1);
        ......
```

```java
        ocl1 = new OnClickListener(){             //实现 CheckBox 的监听器
            public void onClick(View v){          //判断复选框是否选中,选中则获
                                                  //取复选框的内容
                if(cb1.isChecked()){
                    s = s + "," + cb1.getText();
                }
                ……
                tv1.setText("您选择的内容是:" + s);   //显示已选项信息
                s = "";
            }
        };
        ocl2 = new OnClickListener(){             //实现 RadioButton 的监听器
            public void onClick(View v) {         //对 RadioGroup 中的 RadioButton
                                                  //实现监听
                if(rb0.isChecked()){
                    tv2.setText("你的选择是:"+rb0.getText());
                }
                else if(rb1.isChecked()){
                    ……
                }
            }
        };
        cb1.setOnClickListener(ocl1);             //为每个对象绑定监听器
        ……
        tv2.setText("你的选择是:北京");              //初始化单选项
    }
}
```

复选框的应用中主要涉及对复选框是否被选中进行判断,这里只需要有函数 isChecked 判断即可,如果被选中,则会返回 true,否则返回 false。通过检查 isChecked 的值,即可判断该复选框是否被选中。之后可获取复选框的内容或者进行其他操作。

程序的布局文件 main.xml 采用一个 LinearLayout 作为根节点,其内部竖直方向嵌套使用了两个子 LinearLayout 来分别放置 CheckBox 和 RadioGroup 内容,每个子 LinearLayout 内部各放置 3 个 CheckBox 或 RadioButton 和 1 个显示结果的 TextView。需要提到的是 RadioButton 的组合方式,一般实现的是多选一的效果,这多个待选项需要使用 RadioGroup 元素来标记为一个组,然后在这个组中实现多选一,具体内容可以参考源代码。

课后习题

1. 在复选框最上面一行设置"全选"选项框，通过勾选该选框来选择所有选项。

2. 设置两个左右同时显示的可同时选择的单选项框。

3.3.4 下拉列表（Spinner）

下拉列表也是一种常用的 UI 控件，如很多网页都会使用下拉列表，根据选择下拉列表选项来设置信息。Android 中也提供了下拉列表的实现。下面以一个项目为例进行介绍，该项目名称为 SpinnerDemo，关键代码如下。

```java
public class SpinnerDemo extends Activity {
    TextView tv1;
    TextView tv2;
    Spinner sp;
    OnClickListener ocl = null;
    ArrayAdapter<CharSequence> adapter;
    @Override
    public void onCreate(Bundle savedInstanceState) {
        super.onCreate(savedInstanceState);
        setContentView(R.layout.main);
        tv1 = (TextView)findViewById(R.id.textView1);
        tv2 = (TextView)findViewById(R.id.textView2);
        sp = (Spinner)findViewById(R.id.spinner1);
        sp.setPrompt("选择项");//为列表项设置标题
        spinner_set();//调用下拉列表赋值、响应函数
    }
    private void spinner_set(){
        adapter = ArrayAdapter.createFromResource(this, R.array.cities,
        android.R.layout.simple_spinner_item);//从 XML 文件获取数据
        //适配器获得值
adapter.setDropDownViewResource(android.R.layout.simple_spinner_dropdown_item);
        //下拉列表从适配器中读取值
        sp.setAdapter(adapter);
        //下拉列表选定值后响应
sp.setOnItemSelectedListener(new AdapterView.OnItemSelectedListener()
{
            @Override
            public void onItemSelected(AdapterView<?> arg0, View arg1,
                int arg2, long arg3) {
```

```
            if(arg2 != 0){
                tv2.setText("您选择的是:" + adapter.getItem(arg2));
            }
            else{
                tv2.setText("没有选择任何选项!");
            }
        }
        @Override
        public void onNothingSelected(AdapterView<?> arg0) {
            // TODO Auto-generated method stub
            tv2.setText("没有选择任何选项!");
        }
    });
}
}
```

运行程序，可以看如图 3-13 至图 3-15 所示的效果。

图 3-13　初始界面

图 3-14　弹出选择框

图 3-15　选择内容后

这里接触到了 XML 文件的另外一种用法，即用于存放一组数据，如字符串、数组等，每个元素都拥有一个唯一的 id 属性或者 name 属性，Android 会将这些映射关系自动生成为 R.java 文件，之后在 Java 代码中就可以通过相应的 id 和 name 来访问这些数据了。本例中用于存放的是字符型数组，该 XML 文件存放于工程目录下的/res/values 目录下，名为 strings.xml。

在 strings.xml 中是通过类似如下的代码来声明字符串数组的：

```xml
<resources>
  <!-- For Spinner Demo -->
  <string-array name="cities">
     <item>北京</item>
     <item>上海</item>
     <item>成都</item>
  </string-array>
</resources>
```

然后在代码中利用 Adapter 通过 ArrayAdapter.createFromResource()方法来获取这个字符串数组，再将这个数组资源的 Adapter 通过 setAdapter()方法与 Spinner 建立关联，Spinner 就能够使用这个数组来初始化下拉列表的内容了。

课后习题

1．不用 XML 方式，而是直接在代码中建立字符串数组的方法来初始化 Spinner。

2．完成一个二级联动下拉列表（如选择国家后再选择省份）。

3.3.5 自动补全文本框（AutoCompleteTextView）

自动补全文本框（AutoCompleteTextView）是 Android 提供的一种提供便捷输入建议的文本框，这些输入建议可以来源于曾经输入的历史记录、cookies、数据字典等。本节通过一个示例来认识这个组件，示例名为 AutoTextDemo。布局很简单，一个 LinearLayout 内包含了一个 TextView 和一个 AutoCompleteTextView。AutoTextDemo.java 代码如下：

```java
public class AutoTextDemo extends Activity {
  TextView tv;
  AutoCompleteTextView actv;
  static final String[] str=new String[]{"abandon","absolute","absorb",
  "aid","best","bound","desk"};
  ArrayAdapter<String> adapter;
  @Override
  public void onCreate(Bundle savedInstanceState) {
    super.onCreate(savedInstanceState);
    setContentView(R.layout.main);
    //将字符串内容导入适配器
    adapter=new ArrayAdapter<String>(this,android.R.layout.simple_dropdown_item_1line,str);
```

```
        tv = (TextView)findViewById(R.id.textView1);
        actv = (AutoCompleteTextView)findViewById(R.id.auto
CompleteText View1);
    actv.setThreshold(1);
        //设置自动补全的阈值,1即为从1位就开始补全
    actv.setAdapter(adapter);
        //通过适配器获得字符串内容
    }
}
```

图 3-16 自动补全文本框

运行项目,得到如图 3-16 所示的效果。

对于 AutoCompleteTextView,特别注意 Threshold (阈值) 属性,即从多少位开始自动补全,可以根据需求进行设置。若不进行设置则默认阈值为 2,即只有当输入位数达到 2 位及以上才会触发自动补全的效果。

课后习题

1. 改变自动补全的阈值为 2 或更大,指出变化。
2. 参考 3.3.4 小节示例,使用 XML 文件初始化数组。

3.3.6 进度条（ProgressBar）

进度条是改善用户体验的一种重要的控件,进度条的存在可以防止应用程序处于"假死"的状态,避免用户漫无目的的等待,也能够实时地反映出程序运行的状态。在 Android 中,进度条默认为圆圈形式,要显示水平进度条,可以在 XML 文件中设置进度条的 style 属性。style="?android: attr/progressBarStyleHorizontal" 就是水平进度条的设置代码;另外,圆形的进度条也可以设置为几种大小不同的形式,如设置较大的进度条形式的代码为: style="?android:attr/progressBarStyleLarge";而设置适用于标题大小的进度条代码为: style="?android:attr/progressBarStyleSmallTitle。

由于此示例中没有具体的耗费时间且能够体现为进度的处理过程,此处设计两个按钮来控制进度条进行演示。该示例工程名为 ProgressBarDemo,其关键代码如下:

```
public class ProgressBarDemo extends Activity {
    ProgressBar pb5;
```

```
OnClickListener ocl1 = null;
OnClickListener ocl2 = null;
Button bt1;
Button bt2;
……
//设置应用程序窗体显示状态
this.requestWindowFeature(Window.FEATURE_INDETERMINATE_PROGRESS);
//设置窗体显示状态为真，表示一个程序正在运行
setProgressBarIndeterminateVisibility(true);
pb5 = (ProgressBar)findViewById(R.id.progressBar5);
bt1 = (Button)findViewById(R.id.button1);
bt2 = (Button)findViewById(R.id.button2);
ocl1 = new OnClickListener(){
  public void onClick(View v){
    pb5.setProgress((int)(pb5.getProgress()*1.2));      //增加进度
  }
};
ocl2 = new OnClickListener(){
  public void onClick(View v){
    pb5.setProgress((int)(pb5.getProgress()*0.8));      //减少进度
  }
};
bt1.setOnClickListener(ocl1);                           //按钮绑定响应操作
bt2.setOnClickListener(ocl2);
}
```

该示例一共定义了 3 个大小不同的圆圈形式进度条，以及一个固定进度的水平进度条和一个可以调整进度并且包含两个进度的水平进度条。该示例的布局方式就是一个 LinearLayout 内包含一系列的 TextView 和 ProgressBar 以及两个用于调整进度的按钮，进度条主要是设置 style 属性，水平进度条设置视图长度、当前进度、最大进度几个属性，其原理比较简单，代码这里就不列出了。首先，就是对进度条进行设置，前面三个依次从小到大显示圆形的进度条，后面两个显示为水平的进度条，因为圆形的进度条始终都是运行状态，即一直在转圈，所以不用设置进度状态。而水平的进度条首先设置进度条的最大值为 100，然后设置静态的进度条，初始进度条显示为一半（即 50）。最后一个进度条用来演示进度的变化状态，为了便于观察，设置了二级进度条（android:secondaryProgress），然后在 Java 代码中，根据单击按钮来对进度条进行改变。运行效果如图 3-17～图 3-19 所示。

图 3-17　进度条初始

图 3-18　增加进度状态

图 3-19　减少进度状态

课后习题

1．设计一个由无进度至满进度自动增长的进度条，满进度自动变为无进度。
2．设计一个带有二级进度条的进度条，两级进度条以不同速度增长至满进度。

3.3.7　列表（ListView）

ListView 是 Android 中非常重要也相对复杂的一个控件，将需要显示的内容以列表的形式展示出来，并且能够根据数据的长度适当地调节显示。比如，名片夹中的显示、列表菜单的显示、音乐播放器中的歌曲名列表等，都用到了列表这个组件。注意，ListView 的选项可以设置单击监听和选择监听，就是当单击或选择 ListView 的某一个 Item 的时候，可以分别做出不同的响应。

一个 ListView 要显示其相关内容，需要满足 3 个条件：需要 ListView 显示的数据，与 ListView 相关联的适配器（Adapter），一个 ListView 对象。

而 ListView 可用的适配器又有以下 3 种。

① ArrayAdapter，可称为数组适配器，是 ListView 中最简单的一种适配器，它将一个数组与 ListView 建立连接，可以将数组里定义的内容一一对应地显示在 ListView 中，每项一般只有一个 TextView，即一行只能显示一个数组 Item 调用 toString()方法生成的一行字符串。

② SimpleAdapter，是扩展性最好的一种适配器，通过这个适配器，可以让 ListView 中的每项内容可以自定义出各种效果，可以将 ListView 中某项的布局信息直接写在一个单独的 XML 文件中，通过 R.layout.layout_name 来获得这个布局（layout_name 是 XML 布局文件的名字）。

③ SimpleCursorAdapter，是 SimpleAdapter 与数据库的简单结合，通过这个适配器，ListView 能方便地显示对应的数据库中的内容。

下面通过一个例子来详细了解如何使用 ListView。项目名称为 ListViewDemo，该示例包含 3 种适配器使用的例子，如图 3-20 所示。

1. ArrayAdapter

从较简单的开始介绍，单击第一个按钮进入最简单的与数组关联的适配器的演示界面，如图 3-21 所示。

图 3-20　ListViewDemo

图 3-21　ArrayAdapter

本例定义了一个 ListView，并使其与一个自定义的数组相关联，另一个演示效果是当选中 ListView 的某一项或者单击 ListView 的某一项的时候，会将界面的标题进行相应修改，作为状态结果的输出，如图 3-22 和图 3-23 所示。

图 3-22　选中某一项

图 3-23　单击某一项

下面来分析这个例子的代码，xml 中并没有特别值得说明的地方，就是一个 LinearLayout 布局中放置一个 ListView。下面分析 ArrayAdapterDemo.java。

```java
public class ArrayAdapterDemo extends Activity {
  public void onCreate(Bundle savedInstanceState) {
    super.onCreate(savedInstanceState);
    setContentView(R.layout.arrayadapterdemo);
    ListView lv = (ListView)findViewById(R.id.listView1);
    //为 ListView 设置适配器
    lv.setAdapter(new ArrayAdapter<String> (this, android.R.layout.simple_expandable_list_item_1,getData()));
    lv.setOnItemClickListener(new OnItemClickListener(){
    //单击监听器设置条目
      @Override
      public void onItemClick(AdapterView<?> arg0, View arg1, int arg2, long arg3) {
        setTitle("您单击的是: " + arg0.getItemAtPosition(arg2).
        toString());
      }
    });
    lv.setOnItemSelectedListener(new OnItemSelectedListener(){
    //选中监听器设置条目
      @Override
      public void onItemSelected(AdapterView<?> arg0, View arg1, int arg2, long arg3) {
        setTitle("您选择的是: " + arg0.getItemAtPosition(arg2).
        toString());
      }
      @Override
      public void onNothingSelected(AdapterView<?> arg0) {
      }
    });
  }
  List<String> getData(){                    //定义获取字符串数组的方法
    List<String> l = new ArrayList<String>();
    l.add("北京");
    l.add("上海");
    l.add("成都");
    return l;
  }
}
```

如代码所列，该示例首先通过 ListView lv = new ListView(this)来定义一个

ListView 对象，然后为它设置一个 ArrayAdapter，这个 ArrayAdapter 绑定的数组是在最下面定义的字符串数组。另外，lv.setOnItemClickListener 是在这个 ListView 对象上绑定一个单击事件监听器，当监听到单击事件时将界面的标题进行相应的修改，用于说明被单击的内容是哪一项；同样，lv.setOnItemSelectedListener 为绑定到 ListView 上的选中事件监听器。

OnItemClickListener 中有一个回调函数 onItemClick()，当用户单击了 ListView 中的某项后，系统会自动调用这个函数从而执行相关的操作。这个函数在被回调时会接收 4 个参数，分别为被单击的 ListView（AdapterView<?> arg0）、视图（View arg1）、用户单击的是 ListView 中的哪一项（int arg2）以及选中行的 ID（long arg3），此例中用到的参数是 arg2。

2. SimpleAdapter

可自定义布局的 ListView 适配器，单击第二个按钮。

ArrayAdapter 是数组与 ListView 的桥梁，而 SimpleAdapter 就是 List 与 ListView 的桥梁。本质上，SimpleAdapter 类似于 ArrayAdapter，也显示定义的数据结构中的一项，不同的是，此处所使用的数据结构是 List，List 的每个元素又是一系列的 HashMap 映射表，在其中存放的每项都是一条 "key->valne" 的映射。下面分析 SimpleAdapter。

构造方法 public class SimpleAdapter(Context context, List<Map<String,Object>> data, int resource, String[] value, int[] view)有 5 个参数。

- context 参数传递上下文的引用。
- data 是一个基于 Map 的 List，里面的每项与 ListView 里面的每项对应，即 data 里面的每项都是一个映射型的数组，而这个映射就是每条 ListView 需要显示的内容。
- resource 是一个 Layout 的 ID，即该适配器所使用的布局，这个布局可以直接使用系统提供的一些典型布局，也可以是自己定义的。本例中是由自己定义的用于显示一项 ListView 内容的简单布局，包含了两个字体大小不同的 TextView。
- value 表示每项 ListView 需要显示的内容，即 key 值的集合。
- view 即用于显示 value 数据的视图 ID，本例是由两个 TextView 来显示的，因此填写 TextView 的 ID 值，内容填充的顺序与 value 中 key 值的顺序对应。

SimpleAdapterDemo.java 的主要代码如下：

```java
public class SimpleAdapterDemo extends Activity {
  public void onCreate(Bundle savedInstanceState) {
    super.onCreate(savedInstanceState);
    ListView lv = new ListView(this);
    //使用所需的资源实例化 SimpleAdapter 对象
    SimpleAdapter sa = new SimpleAdapter(this,getData(),
      R.layout.simpleadapterdemo,new String[]{"name","phone"},new
               new int[]{R.id.textView1,R.id.textView2});
    lv.setAdapter(sa);
    setContentView(lv);
  }
  List<Map<String,Object>> getData(){
    List<Map<String,Object>> l = new ArrayList<Map<String,Object>>();
    Map<String,Object> m;
    m = new HashMap<String,Object>();
    m.put("name", "张三");            //ListView 一项中的第一个参数映射
    m.put("phone", "13980324493");   //ListView 一项中的第二个参数映射
    l.add(m);                        //将前面的两个映射组成的一项添加在 ListView 中
    ……
    return l;                        //返回这个 List
  }
}
```

如上代码所示，首先为 ListView 绑定适配器，并在建立适配器时绑定了显示的内容、资源、显示方式等参数。在代码后面定义了一个方法用于返回 List，里面填充 ListView 需要显示的内容。List 是一系列 key->value 的 Map 映射数组，每个映射数组表示一个条目内容，映射的内容供 SimpleAdapter 调用并显示到 ListView 中。

3. SimpleCursorAdapter

上面两个示例都是在程序中定义数组或者 List 来进行显示的，现在介绍通过调用数据库中的数据来显示的 ListView 适配器 SimpleCursorAdapter。本例中调用系统的联系人数据，因此读者在运行该示例的时候需要在模拟器的通讯录中添加一些联系人条目，否则不会出现任何内容显示。在添加了联系人条目后，可以看到类似于如图 3-24 所示的效果。

图 3-24　与数据库关联的适配器

这就是从模拟器的联系人数据库里面读出来的通讯录信息,因为它与数据库相关,数据库相关的内容安排在第 6 章,这里只显示了联系人的姓名,后面在讲解数据库的时候,再详细讲解 Cursor 的用法,代码如下:

```java
public class SimpleCursorAdapterDemo extends Activity {
    public void onCreate(Bundle savedInstanceState) {
        super.onCreate(savedInstanceState);
        ListView lv = new ListView(this);              //定义一个列表视图对象
        //通过 cursor 来获取一个指向系统通讯录数据库的对象,获得需要显示的数据的来源
        Cursor c=getContentResolver().query(ContactsContract.Contacts.
        CONTENT_URI,null,null,null,null);
        //将 cursor 对象交给系统管理,使 cursor 与 Activity 生命周期同步
        startManagingCursor(c);
        //生成一个适配器
        ListAdapter la=new SimpleCursorAdapter(this,R.layout.simplec-
ursoradapterdemo,c,
        new String[]{ContactsContract.Contacts.DISPLAY_NAME},
        new int[]{R.id.textView1}
                );
        lv.setAdapter(la);                //为 ListView 对象设置一个适配器
        setContentView(lv);               //设置显示的 Activity
    }
}
```

在示例代码中,先定义一个用于获取数据来源的 cursor 对象,再将 cursor 托管给系统,使得 cursor 与 Activity 生命周期同步。然后使用所需参数生成 SimpleCursorAdapter,并绑定到 ListView 对象。

这里介绍一下 Cursor 的基本用法,Cursor 可以理解为"指针",在 Android 中使用 Cursor 来操作和使用数据库。Cursor c = getContentResolver().query(Uri uri, String[] projection, String selection, String[] selectionArgs, String sortOrder)用于获取需要使用的数据库的 Cursor,query()方法包含了 5 个参数。

- uri 表示待检索的数据库的 URI,形式为"content://..",代码中使用 Android 提供的联系人 URI 的宏定义 ContactsContract.Contacts.CONTENT_URI。
- projection 代表需要返回的列的集合,null 值返回所有列。
- selection 即为查询语句中的查询条件,决定返回哪一行,类似于 SQL 中的 WHERE 语句,其本身并不需要再包含 WHERE 关键词,null 值返回所有行。
- selectionArgs 表示 selection 语句中的参数,在 selection 语句中可以使用"?" 代指待设置的参数,对应关系为按顺序依次对应,该参数的内容会强制为

字符串。
- sortOrder 表示以怎样的顺序来排列检索结果，类似于 SQL 中的 ORDER BY。

另外，由于访问了系统的联系人数据库，需要在 AndroidManifest.xml 中设置数据库操作权限，即：

```
<uses-permission android:name="android.permission.READ_CONTACTS"></uses-permission>
```

课后习题

1．对 ListView 的每个选项，设计一个长按弹出 Toast 的事件。
2．使用第三种 SimpleAdapter 的方式访问联系人数据库形成列表，在示例的基础上加入各联系人的第一电话号码的显示。

3.3.8 窗体设置（Window）

从前面的一些示例可以发现，应用程序界面始终是限制在 Android 系统默认的框体之内的，外部还有系统状态栏和标题栏，为了能够更全面地操控 Android 的 UI，本节将介绍如何设置应用程序窗体显示状态。在设计 UI 时，常常需要做一些特定的设置，如全屏显示、隐藏标题栏、自定义标题等。现在介绍如何操作 Android 应用程序的窗体显示，主要使用 requestWindow Feature(featureId)方法来设置。这个方法的功能就是启动窗体的扩展特性，其参数值是 Window 类中定义的枚举常量，在此列举部分常用的常量如下。

- DEFAULT_FEATURES：系统默认的状态。
- FEATURE_CONTEXT_MENU：启动 ContextMenu，默认启动该项。
- FEATURE_XUSTOM_TITLE：当需要自定义标题的时候指定。
- FEATURE_INDETERMINATE_PROGRESS：在标题栏上进度。
- FEATURE_LEFT_ICON：标题栏左侧显示图标。
- FEATURE_NO_TITLE：无标题栏。
- FEATURE_OPTION_PANEL：启动选项面板功能，默认启动。
- FEATURE_PROGRESS：进度指示器功能。
- FEATURE_RIGHT_ICON：标题栏右侧显示图标。

另外，可以通过 Window 类的 setFlags()方法来隐藏系统的状态栏。当一个

第3章 UI

Activity 同时设置了隐藏标题栏和状态栏时，就是全屏显示的状态了。

首先通过一个示例来观察一下几种不同的窗体风格，这个示例项目名为 WindowFeatureDemo，如图 3-25～图 3-28 所示。

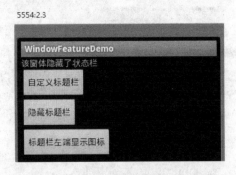

图 3-25　隐藏状态栏

图 3-26　自定义标题栏

图 3-27　隐藏标题栏

图 3-28　标题栏左端显示图标

下面列出实现上列截图的关键代码段。

1. 隐藏状态栏

```
//设置隐藏状态
this.getWindow().setFlags(WindowManager.LayoutParams.FLAG_FULLSCREEN,
WindowManager.LayoutParams.FLAG_FULLSCREEN);
```

2. 自定义标题栏

```
//设置窗体显示模式
this.requestWindowFeature(Window.FEATURE_CUSTOM_TITLE);
//用自定义的布局填充标题栏
getWindow().setFeatureInt(Window.FEATURE_CUSTOM_TITLE, R.layout.custom_title);
```

3. 隐藏标题栏

```
//设置应用程序的窗体显示状态
```

```
this.requestWindowFeature(Window.FEATURE_NO_TITLE);
//为窗体设置状态标识
getWindow().setFlags(Window.FEATURE_NO_TITLE, WindowManager.
Layout Params.FLAG FULLSCREEN);
```

4. 标题栏左端显示图标

```
//设置应用程序的窗体显示状态
this.requestWindowFeature(Window.FEATURE_LEFT_ICON);
//设置图片的路径
getWindow().setFeatureDrawableResource(Window.FEATURE LEFT ICON,R.draw-
able.icon);
```

另外，可以直接在 AndroidManifest.xml 文件中的 application 元素中通过设置属性的方式来设置一部分窗体风格。例如，在 application 标签中加入

```
android:theme="@android:style/Theme.NoTitleBar"
```

可以隐藏标题栏，与如图 3-26 所示的效果一样；在 application 标签中加入

```
android:theme="@android:style/Theme.NoTitleBar.Fullscreen"
```

可以隐藏标题栏和状态栏，实现全屏显示的效果，实现过程留作习题。

课后习题

1. 实现全屏显示的效果。
2. 在同一个 Activity 中实现通过单击按钮切换各种窗体显示状态。

3.3.9 其他 UI 控件概览

前面介绍了一部分最常用 UI 控件，可以从中观察出很多相似点，基本的用法就是将其放置在其所隶属的 Layout 上，对控件所具有的属性值进行预设或者在代码中对各属性进行需要的更改即可，这些属性可以在 SDK 文档中查阅到，读者事先并不需要完全了解某个控件具备哪些属性，而要在开发过程中根据所遇到的需求而有针对性地去查询并使用，通过这样的方式来学习会有比较好的效果。在本书中就不再对其余的 UI 控件一一进行详细讲解了，本节通过简单列举配合插图的形式，向读者介绍一些其他的 UI 控件供读者参考，在本书所附带的源码中包含对本节所列举的每种控件的示例代码。

① 评分条（RatingBar）——示例项目名：RatingBarDemo，如图 3-29～图 3-31 所示。

图 3-29　评分条初始　　　　　图 3-30　一条评分

② 可展开/收缩列表（ExpandableListView）——ExpandableListViewDemo，如图 3-32、图 3-33 所示。

③ 网格视图（GridView）——GridViewDemo，如图 3-34 所示。

图 3-31　多条评分　　　　　图 3-32　收缩列表

图 3-33　展开列表　　　　　图 3-34　网格视图

④ 滑动式抽屉（SlidingDrawer）——SlidingDrawerDemo，如图 3-35～图 3-37 所示。

⑤ 选项卡（TabHost&TabWidget）——TabDemo，如图 3-38～图 3-40 所示。

图 3-35 隐藏状态

图 3-36 开启状态

图 3-37 正在滑动

图 3-38 第一选项卡

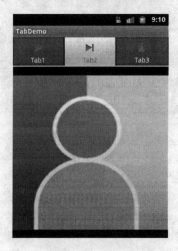

图 3-39 第二选项卡

图 3-40 第三选项卡

⑥ 图片切换器（ImageSwitcher&Gallery）——ImageSwitherandGalleryDemo，如

图 3-41 和图 3-42 所示。

图 3-41 初始状态

图 3-42 切换图片

⑦ 时间和日期选择（TimePicker&DatePicker）——TimeandDateDemo，如图 3-43～图 3-46 所示。

图 3-43 初始状态

图 3-44 设置时间

图 3-45 初始状态

图 3-46 切换图片

⑧ 缩放按钮（ZoomButton&ZoomControl）——ZoomButtonDemo，如图 3-47～图 3-49 所示。

　　图 3-47　初始状态　　　　　　　图 3-48　放大

图 3-49　缩小

课后习题

1. 使用本节所展示的控件中的三种以上来完成一个小的应用，由读者自己设计。

2. 为图片切换器加入缩放图片的功能（借助缩放按钮实现）。

3.4　菜单（Menu）

前面学习了 Android 的界面布局和常用的控件使用方法，本节将介绍 Android 用户界面中另一个不可或缺的组成元素——菜单（Menu）。Android 中的菜单分为 3 种：选项菜单（OptionsMenu）、上下文菜单（ContextMenu）、子菜单（SubMenu）。下面通过示例项目 MenuDemo 分别介绍。

1. 选项菜单（OptionsMenu）

Android 模拟器提供了虚拟键盘，键盘中包含各种常用的操作键，本例中将使用 Menu 键，当单击 Menu 键时，每个 Activity 都可以对这一请求做出相应的处理，如果当前 Activity 实现了对该事件的响应，则会在当前屏幕的下面弹出一个菜单，即选项菜单（OptionsMenu），显示当前 Activity 的可用操作列表。

在选项菜单的创建中，最主要的两个方法是 onCreateOptionsMenu(Menu menu) 和 onOptionsItem Selected(MenuItem item)，前者表明如何创建菜单，后者用于设置各菜单选项被单击后的事件。选项菜单还有另外两个方法：onOptionsMenuClose(Menu menu) 和 onPrepareOptions Menu(Menu menu)，前者将在菜单被关闭时触发（能触发菜单关闭的动作有 3 个：再次单击 Menu 键，单击 Menu 旁边的 Back 键，或者选择菜单中的某个选项），后者在选项菜单弹出前被触发。

实现按 Menu 键弹出菜单的关键代码如下。

```java
public class OptionMenuDemo extends Activity {
    @Override
    public void onCreate(Bundle savedInstanceState) {
        super.onCreate(savedInstanceState);
        setContentView(R.layout.optionmenu);
    }
    //系统自动调用函数生成选项菜单
    public boolean onCreateOptionsMenu(Menu menu){
        //添加菜单选项，并设置菜单顺序和图片
        menu.add(Menu.NONE,Menu.FIRST+1,1,"添加").setIcon(android.R.drawable.ic_menu_add);
        ……                                        //另外几项略
        return true;
    }
    //某项菜单被选择后所做的动作，这里仅弹出一个提示框
    public boolean onOptionsItemSelected(MenuItem item){
        switch(item.getItemId()){
            case Menu.FIRST+1:
                Toast.makeText(this, "delete in the menu", Toast.LENGTH_LONG).show();
                break;
            ……                                    //另外几项略
        }
        return false;
    }
}
```

单击 Menu 键时，系统会自动调用当前 Activity 的 onCreateOptionsMenu()方法，并传入一个实现了 Menu 接口的对象。然后通过 menu.add()方法为菜单添加选项，menu.add()方法有 4 个参数，分别为：groupId（组别），表示该选项所属哪个组，如果没有分组，可设置为 menu.NONE 或者 0；itemId（选项 id），代表菜单项的 id，系统根据这个 id 来确定被操作的菜单项；order（顺序），表示某一项在整个菜单中的位置；title（文本），表示某一项要显示的文本。另外，可以通过 setIcon()方法来设置每项的图标，可通过 android.R.drawable.…直接使用系统图标，也可以使用 R.drawble.…从当前项目资源中调用。用于演示，在本例中单击菜单没有任何操作，只弹出一个 Toast 文本，在实际项目中，可以在相应项的单击处理代码段中添加需要实现的操作。运行效果如图 3-50～图 3-52 所示。

图 3-50　初始状态

图 3-51　弹出菜单

图 3-52　单击某项

UI

2. 上下文菜单（ContextMenu）

相信读者对 PC 上单击右键的操作非常熟悉，Android 中的上下文菜单就类似于 PC 的右键弹出菜单，当为某个控件注册上下文菜单后，长按控件就会弹出一个菜单。Android 中任何控件都可注册上下文菜单，常见的如 ListView 中的项。

使用上下文菜单需要注意 3 个方法，包括：建立并添加上下文菜单项的 onCreateContextMenu()方法，响应上下文菜单项单击的 onContextItemSelected()方法和为某个控件注册上下文菜单的 registerForContextMenu()方法。前两个方法与前面的 OptionMenu 中对应方法的使用类似。下面来了解上下文菜单的建立和使用。用于演示的 Activity 名称为 ContextMenuDemo，它实现了上下文菜单的建立和使用，该 Activity 的关键代码如下。

```java
public class ContextMenuDemo extends Activity {
    public void onCreate(Bundle savedInstanceState) {
        super.onCreate(savedInstanceState);
        setContentView(R.layout.contextmenu);
        TextView tv = (TextView)findViewById(R.id.textView1);
        registerForContextMenu(tv);              //为文本框注册上下文菜单
    }
    //创建上下文菜单
    public void onCreateContextMenu(ContextMenu menu,View view,ContextMenuInfo menuInfo){
        menu.setHeaderTitle("上下文菜单");        //为弹出的上下文菜单设置title
        menu.add(0, menu.FIRST+1, 0, "菜单项1");  //为上下文菜单添加菜单项
        menu.add(0, menu.FIRST+2, 0, "菜单项2");
        menu.add(0, menu.FIRST+3, 0, "菜单项3");
    }
    //创建菜单项的响应事件
    public boolean onContextItemSelected(MenuItem item){
        switch(item.getItemId()){
            case Menu.FIRST+1:                   //设置上下文菜单中第一个选项的响应事件
                Toast.makeText(this, "选择了菜单项1", Toast.LENGTH_LONG).
                show();
                break;
            ……
        }
        return true;
    }
}
```

运行项目后效果如图 3-53、图 3-54、图 3-55 所示。

图 3-53　初始界面　　　　　图 3-54　弹出菜单

图 3-55　单击菜单项 1

3．子菜单（SubMenu）

子菜单实际上就是一个特殊的上下文菜单，它的一级菜单本身就是一个上下文菜单，不同的是它的每个一级菜单选项又是一个上下文菜单，这样就构成了层层递进的菜单。使用子菜单的方法与上下文菜单的几个方法是一样的。下面通过 MenuDemo 项目中的 SubMenuDemo 这个 Activity 来了解如何创建及使用子菜单，代码如下：

```
public class SubMenuDemo extends Activity {
    public void onCreate(Bundle savedInstanceState) {
        super.onCreate(savedInstanceState);
```

```java
    setContentView(R.layout.submenu);
    TextView tv2 = (TextView)findViewById(R.id.textView2);
    registerForContextMenu(tv2);            //为文本框注册子菜单
}
//创建子菜单
public void onCreateContextMenu(ContextMenu menu,View view,Context
MenuInfo menuInfo){
    menu.setHeaderTitle("SubMenu-一级菜单");
    SubMenu sub1 = menu.addSubMenu("菜单1");
    sub1.add(0,sub1.FIRST+1,0,"子菜单项1");
    sub1.add(0, sub1.FIRST+2, 1, "子菜单项2");
    ……
}
//创建各子菜单项的响应事件
public boolean onContextItemSelected(MenuItem item){
    switch(item.getItemId()){
        case SubMenu.FIRST+1:    //设置子菜单中的第一个子菜单的第一个选项的响
                                  //应事件
            Toast.makeText(this, "子菜单项1", Toast.LENGTH_LONG).
            show();
            break;
        ……
    }
    return true;
}
```

注意，在添加子菜单项的时候，每个父菜单下面的各子菜单都要设置为不同的ID，否则在响应的时候系统会调用相同的操作。运行效果如图3-56～图3-58所示。

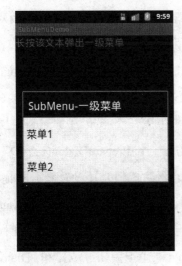
图3-56 弹出菜单

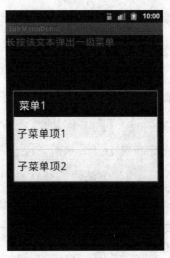
图3-57 子菜单

图 3-58　单击子菜单项

课后习题

1．将如上 3 种菜单的选项关联上启动 Activity 的事件，即单击选项弹出新界面。
2．为第一种菜单（OptionMenu）多添加几个子项（大于 6 个），观察现象。
3．设计并实现一个带选项卡的菜单（TabMenu）。

3.5　对话框（Dialog）

　　Android 还提供了一种非常好的与用户交互的对象——对话框（Dialog）。对话框通常是覆盖在当前 Activity 上面的小窗口，当对话框出现后，当前的 Activity 将失去焦点，用户在此情况下只能与对话框进行交互。Android 对话框能够十分方便地进行创建、保存、回复和管理。使用对话框时会接触到很多方法，如 onCreateDialog(int ID)、onPrepareDialog(int ID, Dialog dialog)、showDialog(int ID) 和 dismissDialog(int ID)等，下面介绍这些方法的作用及用法。

　　onCreateDialog(int ID)通过传入的 ID 来生成一个指定的 Dialog 对象，当 showDialog(int ID)方法执行时会触发这个方法；onPrepareDialog(int ID, Dialog dialog)是一个可选方法，可以在 Dialog 对象已经生成但是还没有显示之前，对这个 Dialog 对象进行所需的修改，如修改标题、显示内容等；showDialog(int ID)方法用于显示 ID 所对应的 Dialog 对象，如果该方法被调用，则会触发回调函数 onCreateDialog(int ID)；dismissDialog(int ID)方法用于关闭 ID 对应的 Dialog 对象在 Activity 中的显示（如果完全销毁 Activity 中的某个对话框对象，让它再也不显示，可以调用 removeDialog(int ID) 方法）。onCreateDialog(int ID) 和 onPrepareDialog(int ID,Dialog dialog)方法都是 Dialog 比较常用的回调方法，在调用了 showDialog(int ID)之后，如果对应 ID 的 Dialog 对象是第一次生成，系统就回调 onCreateDialog(int ID)方法，再调用 onPrepareDialog(int ID,Dialog dialog)方法。若对应 ID 的 Dialog 对象已经生成，只是没有被显示，则系统直接回调 onPrepareDialog(int ID,Dialog dialog)。

Android 提供了 AlertDialog、TimePickerDialog、DatePickerDialog、ProgressDialog 等多种形式 Dialog，其中最常用的是 AlertDialog 和 ProgressDialog。

AlertDialog 允许在对话窗口中最多添加 3 个按钮（positive、neutral、negative），还可以包含一个提供了可选项的列表（如 CheckBoxes 或者 RadioButtons 等），它是实现 Android 中对话框 Dialog 类的直接子类之一，在使用时 AlertDialog 对象通常不是通过构造函数来新建，而是通过其内部静态类 AlertDialog.Builder 来进行构造。简单地，新建一个带有确认按钮的对话框对象的语法为：

```
new AlertDialog.Builder(this).setMessage("string").setPositive Button
("name",
            new DialogInterface.OnClickListener(){
                public void onClick(DialogInterface dialog, int
                whichButton){}
        }).create();
```

如以上语句所示，可通过一连串方法链的方式为新建对象设置相关属性，并且通过内部类的方式传入按钮单击事件的回调方法（onClick()）。

新建一个包含列表的对话框语法为：

```
new AlertDialog.Builder(this).setItems(CharSequence[],
            new DialogInterface.OnClickListener(){
                public void onClick(DialogInterface dialog,int
                whichButton){}
        }).create();
```

如果需要创建单选或者多选对话框，可以使用 setSingleChoiceItems()或者 setMultiChoiceItems()方法代替 setItems()方法即可。

ProgressDialog 是一个 AlertDialog 扩展类，是在 AlertDialog 的基础上加入表示进度的功能，通常表现为包含有进度条的对话框，因为其扩展于 AlertDialog，所以 AlertDialog 的基本功能和用法在 ProgressDialog 上也类似。默认创建圆圈形进度条，基本语句 new ProgressDialog.setTitle(String)。

setMessage(String)，创建条形进度条则需要使用 setProgressStyle()方法来设置条形风格的进度条，基本语句 new ProgressDialog(context).setProgressStyle().setCancelable()。进度条创建好后，可以调用 dialog.incrementProgressBy(int)来调整进度条的进度。

TimePickerDialog 和 DatePickerDialog 在前面介绍时间和日期 UI 控件的时候已经有了了解，这里就不再赘述。下面通过示例项目 DialogDemo 来具体学习 Android 对话框。项目运行的效果图如图 3-59～图 3-64 所示，注意示例标题的变化。

图 3-59　初始状态

图 3-60　带按钮对话框

图 3-61　单选对话框

图 3-62　列表对话框

图 3-63 可输入对话框

图 3-64 进度条对话框

上面展示了 5 种类型的对话框，下面依次来看这些对话框的实现代码：

```java
public class DialogDemo extends Activity {
    private static final int DIALOG1 = 1;
    ……
    @Override
    public void onCreate(Bundle savedInstanceState) {
        super.onCreate(savedInstanceState);
        setContentView(R.layout.main);
        Button bt1 = (Button)findViewById(R.id.button1);
        //定义每个按钮的监听
        bt1.setOnClickListener(new OnClickListener(){
            public void onClick(View v) {
                showDialog(DIALOG1);
            }
        });
        ……
    }
    //生成对话框操作
    public Dialog onCreateDialog(int id){
        switch(id){
            case DIALOG1:  return Dialog1(DialogDemo.this);
            ……
        }
        return null;
    }
    private Dialog Dialog1(Context context) {
        //定义三个按钮的对话框
```

```java
AlertDialog.Builder dialog1 = new AlertDialog.Builder(context);
dialog1.setIcon(R.drawable.icon);
dialog1.setTitle("Dialog with three Buttons");
dialog1.setMessage("带有三个按钮的对话框");
dialog1.setPositiveButton("确定", new DialogInterface.OnClick
Listener(){
    public void onClick(DialogInterface dialog, int which) {
      setTitle("单击了对话框的确定按钮");
    }
});                                          //此处三个按钮可随意选择
dialog1.setNeutralButton("提示", new DialogInterface.OnClick
Listener(){
    public void onClick(DialogInterface dialog, int which) {
      setTitle("单击了对话框的提示按钮");
    }
});
dialog1.setNegativeButton("取消", new DialogInterface.OnClick
Listener(){
    public void onClick(DialogInterface dialog, int which) {
      setTitle("单击了对话框的取消按钮");
    }
});
return dialog1.create();
}
private Dialog Dialog2(Context context){//定义一个单选项对话框, 选择后
改变Activity标题
    final String[] str = {"赞同","反对"};
  AlertDialog.Builder dialog2=new AlertDialog.Builder(this).setTitle
  ("单选框对话框").
                    setIcon(R.drawable.icon).setSingleChoice
                    Items(str,0,
                    new DialogInterface.OnClickListener() {
                        public void onClick(DialogInterface
                        dialog, int which) {
                            dialog.dismiss();
                            setTitle("您选择的是"+str[which]);
                        }
    }).setNegativeButton("取消", null);
    return dialog2.create();
}
//定义一个列表对话框, 在选择选项的时候就在Activity上面产生动作
private Dialog Dialog3(Context context){
    final String[] str = {"苹果","草莓","菠萝","西瓜"};
    AlertDialog.Builder dialog3=new AlertDialog.Builder(this).setTitle
```

```java
            ("你喜欢的水果是: ").
        setIcon(R.drawable.icon).setItems(str,new DialogInterface.
        OnClickListener(){
            public void onClick(DialogInterface dialog, int which) {
                setTitle("您选择的是"+str[which]);
            }
        }).setNegativeButton("取消", null);
        return dialog3.create();
    }
    private Dialog Dialog4(Context context){
        LayoutInflater li = LayoutInflater.from(this);
        //通过XML文件自定义对话框布局
        final View edit = li.inflate(R.layout.edit_dialog, null);
        AlertDialog.Builder dialog4 = new AlertDialog.Builder(context);
        dialog4.setIcon(R.drawable.icon).setTitle("带编辑框的对话框").setView
        (edit);
        dialog4.setPositiveButton("确定", null).setNegativeButton("取消
        ", null);
        return dialog4.create();
    }
    //生成进度条对话框对象,并设置标题和现实内容
    private Dialog Dialog5(Context context){
        final ProgressDialog dialog5 = new ProgressDialog(context);
        dialog5.setTitle("进度条对话框");
        dialog5.setMessage("正在链接");
        dialog5.setButton("取消", new DialogInterface.OnClickListener(){
            public void onClick(DialogInterface dialog, int which) {
                dialog5.dismiss();              //单击取消按钮时,对话框消失
            }
        });
        return dialog5;
    }
}
```

在实现带编辑框的对话框时可以用两种方法：一是通过 XML 布局文件自定义一个布局，用于填充对话框，本例即是使用此种方法；二是直接在对话框的 setView()方法中导入编辑框而不借助 XML 文件和 LayoutInflater 类。LayoutInflater 类的作用与 findViewById(int ID)相似，不同的是，LayoutInflater 是用来寻找 layout 文件夹下的 XML 布局文件，并且将这个布局实例化，而 findViewById()的作用是寻找项目中的某个 XML 文件下的具体 widget 控件（如 Button、TextView 等）。本例通过 edit_dialog.xml 文件自定义了一个 Dialog 的布局，在这个自定义布局中，

只需要添加除对话框标题和按钮之外的部分即可，标题、确定和取消按钮可通过 setTitle()、setPositive Button()等方法设定。

课后习题

1. 实现一个包含多选框（CheckBox）的对话框，并返回多选结果。
2. 将带有可编辑文本框的对话框示例中的可编辑文本框改为带自动补全功能的文本框（AutoCompleteTextView）。

3.6 本章小结

本章介绍了 Android 的几种布局方式和常用 UI 控件，主要讲解了 Android 的图形界面，在掌握了本章内容后，就可以自己动手开发出漂亮的图形界面了。后续章节中将陆续讲到音频、视频、网络等，本章是后面学习的基础，因为一切强大的 Android 程序都是在强大的图形界面支持下产生的，所以本章十分重要。通过本章的学习，读者可以对 Android 开发流程有了比较详细的理解，第 4 章将探讨 Android 系统架构等方面的内容。

第 4 章

Android 开发框架

4.1 Android 系统架构

通过第 3 章的学习，读者已经明确了 Android 开发的基本概念，下面从理论方面来熟悉 Android 系统的原理及特性，这对以后的程序开发将有很大的帮助。

首先向读者展示一个框图，如图 4-1 所示（摘自 Android SDK 文档），该图是用于说明 Android 系统体系结构最经典的一幅图，它形象地描绘了 Android 系统架构。

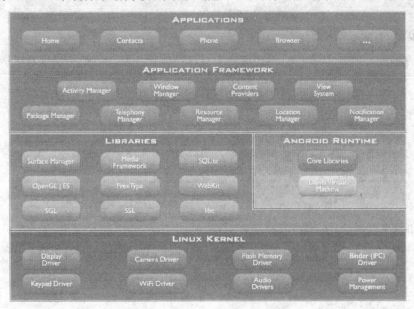

图 4-1 Android 系统架构图

下面结合图 4-1 分析 Android 的系统架构。与其他操作系统一样，Android 的系统架构采用了分层结构。Android 分为四层，从高到低分别是应用程序层、应用程序框架层、系统运行库层（包含系统库和 Android 运行库）和 Linux 核心层。

Android 从本质上来讲是一套软件堆叠（Software Stack），主要分为三层：操作系统、中间件和应用程序。其中，Android 的中间件可以再细分出两层，底层是函数库（Library）和虚拟机（Virtual Machine，VM），上层为应用程序框架（Application Framework）。上面架构图中，上两大层和 Android Runtime 中的 Core

Libraries 使用 Java 语言开发，Libraries 部分使用 C/C++语言开发，Linux Kernel 部分使用 C 语言开发，剩余部分为 Dalvik 虚拟机。

1．应用程序层（Applications）

Android 同一系列核心应用程序包一起发布，主要包括拨号程序、E-mail 客户端、SMS 短消息程序、日历、地图、浏览器、联系人管理程序等。所有的这些应用程序都是使用 Java 语言编写的。

2．应用程序框架层（Application Framework）

对于 Android 系统，开发人员可以完全访问核心应用程序所使用的 API 框架。该应用程序的架构设计简化了组件的重用；任何一个应用程序都可以发布它的功能块，并且任何其他应用程序都可以使用其所发布的功能模块（需要遵循框架的安全性限制）。同样，该应用程序的重用机制也使用户可以方便地替换程序组件。

支撑应用程序正常运行的是一系列的服务，其中包括：

① Views System：丰富且可扩展的视图（Views），用于构建应用程序，包括列表（Lists）、网格（Grids）、文本框（Text Boxes）、按钮（Buttons），甚至可嵌入的 Web 浏览器。

② Content Providers（内容提供器）：使应用程序可以访问由另一个应用程序所维护的数据（如联系人数据库），或者共享它们自己的数据。

③ Resource Manager（资源管理器）：提供非代码资源的访问，如本地字符串、图形和布局文件（Layout files）。

④ Notification Manager（通知管理器）：使应用程序可以在系统状态栏中显示提示信息。通知区域设定在手机的顶部，如未读短信邮件、未接电话等通知消息都会在此区域显示。

⑤ Activity Manager（Activity 管理）：用于管理应用程序各 Activity 的生命周期，并提供常用的导航回退功能。

3．函数库层（Libraries）

Android 包含了一些基础的 C/C++库，它们能被 Android 系统中不同的组件使用，通过 Android 应用程序框架为开发者提供服务。以下是一些核心库：

① System C Library：一个从 BSD 继承来的标准 C 系统函数库（Libc），是专门为基于 Embedded Linux 的设备定制的。

② Media Libraries：基于 PacketVideo OpenCORE，该库支持多种常用的音频、视频格式回放和录制，同时支持静态图像文件。编码格式包括 MPEG4、H.264、MP3、AAC、AMR、JPG、PNG 等。

③ Surface Manager：提供对显示子系统的管理，并且为应用程序提供了二维和三维图层的无缝融合。

④ LibWebCore：一个最新的 Web 浏览器引擎，支持 Android 浏览器及可嵌入应用程序的 Web 视图。

⑤ SGL：底层的二维图形引擎。

⑥ 3D Libraries：基于 OpenGL ES 1.0 APIs 实现，该库可以使用硬件三维加速（如果可用）或者使用高度优化的三维软加速。

⑦ Free Type：位图（Bitmap）和矢量（Vector）字体显示。

⑧ SQLite：SQLite 是一套开放源码的关系数据库，是一种对于所有应用程序可用并且功能强大的轻型关系型数据库引擎。

⑨ SSL（Secure Socket Layer，安全套接层）：用于保护网页通信安全的协议。

4．Android 运行时环境（Android Runtime）

Android 虽然使用 Java 程序语言来开发应用程序，但却不是使用原有的 J2ME 版本来执行 Java 程序，而是采用 Android 自有的 Android Runtime 来执行。

Android Runtime 由下面两个核心部分组成。

（1）Core Libraries

Core Libraries 即核心库，实现了 Java 编程语言核心库的大多数功能。

（2）Dalvik Virtual Machine（DalvikVM，Dalvik 虚拟机）

相对于 Java 虚拟机 JVM，Android 实现了自己的虚拟机即 Dalvik VM。不同于 JVM（属于堆栈结构机器（stack machine）），Dalvik 属于寄存器机（register machine）。这两种类型的优劣在业界还是一个争执不下的论题。对于每个 Android 应用程序，它们都在自己的进程中运行，并拥有一个独立的 Dalvik VM 实例。Dalvik VM 被设计成一个设备，可以同时高效地运行多个虚拟系统。DalvikVM 执行后缀为 .dex（Dalvik Executable）的 Dalvik 可执行文件，该文件针对小内存使用做了优化。同时，虚拟机是基于寄存器的，所有的类都经由 Java 编译器编译，然后通过 SDK 中的"dx"工具转化成 DEX 文件由虚拟机执行。

Dalvik 虚拟机有许多地方是参考 Java 虚拟机的设计，Dalvik 虚拟机所执行的中间代码并非是 Java 虚拟机所执行的 Java Bytecode，同时也不直接执行 Java 类 (Java Class File)，而是依靠转换工具将 Java bytecode 转为 Dalvik VM 执行时特有的 dex(Dalvik Executable) 格式。Dalvik VM 与 Java VM 最大的不同在于 Java VM 是 Stack-based，而 Dalvik VM 是 register-based。以技术层面来看 Register-based VM 的特性有个很大的好处，那就是对于目前主流的硬件架构，很容易与现有系统整合且达到最优化，而所需要的资源也相对较少。甚至在硬件实现上也比较容易。另外由于 Dalvik 并不是由 J2ME 实现，所以不存在 J2ME 授权相关的问题。

通常来说，Java 比较慢不单单只是因为 Virtual Machine 的关系，Java 的程序编译成 Bytecode 也是关键因素之一，因为 Java VM 采用了 Stack-based 的方式来产生指令，所以所有的变量都需要 push, pop 操作，从而多出许多指令，而 Dalvik VM 所采用的 Register-based 方式，变量都存储在寄存器中，相比较而言，Dalvik VM 的指令就会少一点，速度也就会较快一些。

在 Android 4.4 中，新加入了 ART（Android Runtime）编译模式，它使得系统中的应用能够在第一次安装的时候就把代码转化成机器语言，并存储在本地，大大提高了系统的运行效率，使用户的体验更加流畅。

5. 内核层（Linux Kernel）

Android 平台的系统内核是 Linux 2.6，其包含的主要功能有安全（Security）、内存管理（Memory Management）、进程管理（Process Management）、网络协议栈（Network Stack）、硬件驱动（Driver Model）等，Linux 内核同时作为硬件和软件栈之间的抽象层。

4.2 Android 应用程序组成

本节对 Android 应用程序的组成结构进行介绍。常规 Android 程序主要由 Activity、Broadcast Receiver、Service、Content Provider 四部分组成，如图 4-2 所示。但并不是所有 Android 应用程序都必须包含这四部分，如最简单的 Hello World 程序里就只由 Activity 组成。

图 4-2 Android 应用程序组成

① Activity：Android 中最普通的模块之一，也是开发者最常遇到的模块之一。在 Android 程

序中，一个 Activity 就相当于手机屏幕的一页显示，类似于浏览器的一个网页。通常在 Activity 中添加一些用户界面（UI）组件，并对这些组件实现相应的事件处理。在一个 Android 应用程序中，可能涉及多个 Activity，并在这几个 Activity 中进行跳转。打开一个新的 Activity 时会将当前的 Activity 置为暂停状态并压入堆栈，Android 默认会把每个应用从开始到当前的每个 Activity 都保存到堆栈中，也可以通过设定使一些不需保留的 Activity 不压入堆栈。

② Broadcast Receiver（广播接收器）：用于对 Android 系统广播的事件进行接收，以方便做出所需的处理，如有电话拨打进来时，由于 Phone 这个应用程序注册了与这个事件相关的 Broadcast Receiver，它就将对这个事件进行处理。注意：BroadcastReceiver 本身并不会生成 UI，即对于用户而言这个接收事件是不可见的，BroadcastReceiver 通过 NotificationManager 来通知用户。Broadcast Receiver 可以在 AndroidManifest.xml 中注册，也可以在代码中通过 Context.registerReceiver() 进行动态注册。一旦某个应用程序注册了 BroadcastReceiver，那么即使程序并没有启动，当这个 BroadcastReceiver 所响应的事件发生时，系统也会根据需要启动该应用程序。

③ Service：使用过智能手机的读者可以发现，使用音乐播放器播放音乐时，可以切换至其他应用程序，音乐会在后台继续播放。这就是 Service 在后台对音乐播放进行控制，当单击了播放器上的停止按钮时，播放音乐的 Service 也就停止了。Service 没有用户界面，是一种可以运行很长时间的程序。可以简单地将 Service 理解为没有用户界面的 Activity。Service 可以通过两种方式启动，即 startService(Intent service) 和 Context.bindService()，第 5 章会对 Service 进行详细介绍。

④ Content Provider：在 Android 中，无论是文件数据还是数据库数据，这些数据都是私有的，默认不对其他应用程序开放。那么，如何在两个应用程序之间交换数据呢？这时就需要 Content Provider。可以将 Content Provider 理解为数据操作类。在该类中，Android 实现了一组标准的方法接口，通过这些接口，应用程序就可以读取或者保存这个类提供的各种类型的数据了。常见的接口有：query(Uri,String[],String,String[],String)，该方法通过关键字查询数据；insert(Uri,ContentValues)，该方法的作用是将一个数据插入到指定位置；update(Uri,ContentValues,String,String[])，更新数据；delete(Uri,String,String[])，删除数据。

4.3 Activity 的生命周期

在应用程序中，每个 Activity 都拥有自己的生命周期，这个生命周期由系统来实现统一的管理。一个 Activity 有三个基本的状态：

① 当其在前台运行时（即在 Activity 当前任务的堆栈顶）为活动状态（运行状态），这时 Activity 会响应用户的操作。

② 当 Activity 失去焦点但是对用户仍然可见时为暂停（paused）状态。此时，其他 Activity 存在于自己之上，这种情况可能是透明或者被非全部覆盖（如非全屏的对话框），所以其中一些处于暂停状态的 Activity 也可以被显示。一个暂停的 Activity 仍然是处于活动状态的（它维护着所有状态，保存着信息，并且依然附着在窗口管理器）。

③ 如果一个 Activity 完全被另一个 Activity 所掩盖，那它的状态会变为停止（stopped），此时仍然保存着状态信息。

当其他应用程序需要使用更多的内存时，系统有可能会杀死处于 paused 状态或 stopped 状态的 Activity（系统会在杀死 Activity 之前对状态进行保存）。当其再次需要显示时，系统会重新运行该 Activity 并且加载所保存的状态信息。

图 4-3 是描述 Activity 生命周期的框图，该图摘自 Android SDK 文档。包括 3 个主要循环结构，其中每个较小循环都是较大循环的子集，由大至小分别如下。

① 完整的 Activity 生命周期。这个周期循环从该 Activity 的 onCreate()方法第一次被调用开始，直到 onDestroy()方法被调用结束。在 onCreate()方法中，Activity 会对所有的全局状态进行初始化，并在 onDestroy()方法中释放所有资源。

② Activity 的可见生命周期。这个周期从 onStart()方法被调用时开始，直到 onStop()方法被调用时结束，期间 Activity 对于用户是可见的，可以获取资源并对 UI 进行更新，也有可能不处于 Activity 栈的最上方，即不是可交互的。在这个周期中可以获取资源并对 UI 进行更新。

③ Activity 前台生命周期。在这个周期中 Activity 始终处于栈的顶端，并且可以与用户交互。周期从 onResume()方法被调用时开始，直到 onPause()方法被调用时结束，对于一个 Activity 来说这两个方法是十分频繁地会被调用到的，如当 Android 进入休眠状态或者该 Activity 调用了新的 Activity。

Android开发框架

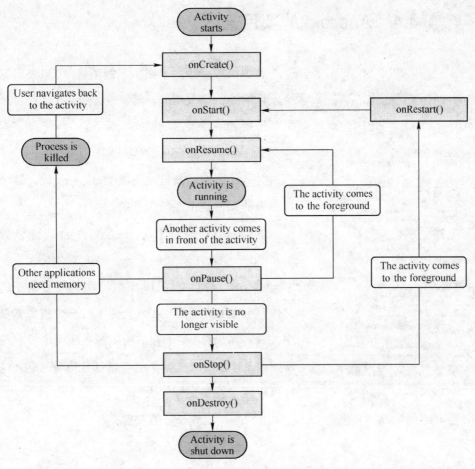

图 4-3 Activity 生命周期框图

Activity 的生命周期涉及如上一些方法，正如 Activity 类的实现：

```
public class Activity extends ApplicationContext {
    protected void onCreate(Bundle savedInstanceState);
    protected void onStart();
    protected void onRestart();
    protected void onResume();
    protected void onPause();
    protected void onStop();
    protected void onDestroy();
}
```

开发者可以通过继承 Activity 类，并重写这些方法来实现对 Activity 生命周期的管理和操作。例如，通常在 onCreate()方法中对 Activity 进行初始化操作，在 onPause()方法中对 Activity 状态进行保存等。

073

4.4 Android 的项目架构

前面已经接触到了很多示例项目，可以发现每个项目的结构都很相似。典型的 Android 项目目录主要包括如下目录，如图 4-4 所示。

① src：存放 Java 源代码。

② gen：编译器自动生成的 Java 代码，这个目录下的文件是由系统维护的。

③ assets：这个目录下的文件会被打包到 Android 应用程序安装包（.apk）中。

④ res：资源文件目录，添加到这个目录下的文件都会在 gen 下的 R.java 文件中与一个整型常量相关联；如果在 res 下存放的资源在应用中没有被使用，在打包的时候就不会将这部分资源打包，这样可以减小安装文件的大小。

图 4-4 Android 项目目录

⑤ bin：生成 apk 的文件夹。

⑥ libs：存放第三方 jar 包。

⑦ drawable-hdpi：存放适用于高分辨率设备的图片文件。

⑧ drawable-ldpi：存放适用于低分辨率设备的图片文件。

⑨ drawable-mdpi：存放适用于中等分辨率设备的图片文件。。

⑩ drawable-xhdpi：存放适用于比 hdpi 更高分辨率设备的图片文件。

⑪ drawable-xxhdpi：存放适用于比 xhdpi 更高分辨率设备的图片文件。

⑫ layout：这个目录下的文件是用于自定义界面的。

⑬ values：这个目录下用于存放一些常量，例如最常见的 string.xml 文件是用于存放程序中的字符串，只要在这些文件中增加了任何的属性配置，都会反映在 gen 下的 R.xml 文件中。

⑭ AndroidManifest.xml：应用程序功能清单文件，用于向系统描述该应用程序的一些功能，例如该应用程序包含了多少个 Activity、Service，需要使用哪些权限等等。

⑮ project.properties：工程属性的配置文件。

⑯ proguard-project.txt：该文件也不重要，适用于混淆代码，对代码进行加密，

防止被反编译。

4.5 AndroidManifest.xml 文件解析

AndroidManifest.xml 是每个 Android 项目中必需的文件，位于项目的根目录，描述了 package 中的全局数据，包括 package 中的组件（如 Activities、Services 等）及这些组件各自的实现类，还有各种能被处理的数据即其他属性。

文件中包括一种很重要的属性——intent-filter，隐式地描述了其对应的 Activity 启动的条件。当 Activity 要执行一个操作时，如打开网页或联系簿时，它将创建一个 intent 对象。该对象包含了一些描述想做什么、想处理什么数据、数据的类型等信息。Android 通过比较这些 intent 对象和每个 Activity 声明的 intent-filter 中的信息，从中找到最合适的 Activity 来处理调用者所指定的操作。除了声明程序中的 Activities、Content Providers、Services 和 Intent Receivers 组件之外，permissions 和 instrumentation（安全控制和测试）也需要在文件中进行声明。

下面是一个简单的 AndroidManifest.xml 文件示例，取自于 HelloWorld。

```xml
<?xml version="1.0" encoding="utf-8"?>
<manifest
xmlns:android="http://schemas.android.com/apk/res/android"
    package="com.example.helloworld"
    android:versionCode="1"
    android:versionName="1.0" >
    <uses-sdk
        android:minSdkVersion="8"
        android:targetSdkVersion="17" />
    <application
        android:allowBackup="true"
        android:icon="@drawable/ic_launcher"
        android:label="@string/app_name"
        android:theme="@style/AppTheme" >
        <activity
          android:name="com.example.helloworld.HelloWorldActivity"
            android:label="@string/app_name" >
            <intent-filter>
                <action android:name="android.intent.action.MAIN" />
                <category android:name="android.intent.category.LAUNCHER" />
            </intent-filter>
```

```
        </activity>
    </application>
```

需要注意以下几点。

① 几乎所有 AndroidManifest.xml（以及其他 XML 文件）在第一个元素中都包含了命名空间的声明：

```
xmlns:android="http://schemas.android.com/apk/res/android
```

这种做法使得 Android 的各种标准属性能在文件中使用，并提供了大部分属性值设定时需要的数据。

③ 通常，Manifests 节点下包含一个 Application 节点，其中定义了所有的应用程序组件及属性。

④ 任何被用户看成顶层应用程序的应用程序并且需要能被程序启动器所启动的 Package，需要包含至少一个 Activity 组件来响应 MAIN 操作，并且归属于 Launcher 种类，如上述代码所见。

下面介绍 AndroidMainfest.xml 所提供的部分标签。

① Manifest：根节点，描述包的所有信息。后面介绍的标签都放在 mainfest 节点下，即 AndroidMainfest.xml 是以 manifest 标签开头和结尾的。

② Uses-permission：请求 package 正常工作所需被赋予的安全许可，可出现 0～n 次。

③ Permission：声明安全许可来限制其他程序访问包中的组件和功能，这种许可权限是指自身 package 对外部发放的权限。该节点可出现 0～n 次。

④ Instrumentation：声明用于测试此包的其他类或包。该节点可出现 0～n 次。

⑤ Application：包含包中 Application 级别组件声明的节点。此节点也可包含 Application 中的全局和默认的属性，如标签、图标、主题等。该节点只允许出现 0 或 1 次。在它之下可放置的标签有 activity、service 等。

⑥ Activity：用来与用户交互的主要工具。用户打开一个应用程序的初始页面就是一个 Activity，大部分被使用到的其他页面也由不同的 Activity 实现，所有需要使用的 Activity 都必须声明在各自的 Activity 标签中。

注意：每个 Activity 必须对应一个 Activity 标签，无论它提供给外部使用或者只用于自己的 package 中。如果一个 Activity 没有用标签声明，它将不能被运行。另外，为了在程序运行的时候能够查找到 Activity，每个 Activity 标签可能会包含一个或多个 Intent-filter 元素来描述该 Activity 所支持的操作。

⑦ Intent-filter：该节点声明了所属组件所支持的 Intent 类型，通常会包含随后的 action（至少包含一个）、category、data 类型等标签。

⑧ Action：组件支持的 action 类型。

⑨ Category：组件支持的 category 类型。

⑩ Type：组件支持的 Intentdata MIME type。

⑪ Schema：组件支持的 Intentdata URI scheme。

⑫ Authority：组件支持的 Intentdata URI authority。

⑬ Path：组件支持的 Intentdata URI path。

⑭ Receiver：IntentReceiver 使得 Application 能够获知数据的改变和发生的操作，并且可以允许 Application 当前不在运行状态，Receiver 通常配合 Intent-filter 使用。

⑮ Service：能在后台运行组件，通常配合 Intent-filter 使用。

⑯ Provider：用来管理持久化数据并发布给其他应用程序使用的组件。

4.6 XML 简介

XML 的全称是 Extensible Markup Language，即可扩展标记语言，与 HTML 一样都是标准通用标记语言（Standard Generalized Markup Language，SGML）。XML 是一种简单的数据存储语言，使用一系列简单的标记对数据进行描述，是 Internet 环境中跨平台、依赖于内容的技术，也是当前结构化信息文档的处理的有效工具。

XML 之所以称为简单的数据存储语言，是因为它相对于专业的数据库（如 Access、Oracle、SQL Server 等）具有局限性。相对而言数据库提供了更有效的数据存储和数据分析能力（如数据排序、查找等），而 XML 则仅仅是对数据进行展示。

每个 XML 文档的开头都需要用<?xml version="1.0" encoding="utf-8"?>来表明 XML 的版本和编码方式。以 Android 的布局 XML 文件为例，在声明 XML 版本和编码方式之后，就是具体描述界面的节点元素了，每个节点都包含在一个尖括弧对</>之内。在 Android 中对变量值进行设置时，需要用双引号将值括住。

4.7 Android 的生命周期

在多数情况下，所有 Android 应用程序运行在它们各自的 Linux 进程中。应用程序进程会在需要被运行时被创建，一般到运行结束才释放内存。但是当系统内存资源不足时，系统可以回收内存并分配给其他需要内存的程序。

Android 的一个非常重要的特点就在于它对生命周期的控制。Android 生命周期的控制并不是直接由应用程序本身来控制，而是由通过系统与应用程序联合来进行控制的。这样，系统就可以知道哪些应用程序正在运行、哪些对用户来说更重要，以及目前系统的可用内存是多大等信息。

对于开发者而言，理解各种不同的应用程序组件（特别是 Activity、Service 和 IntentReceiver）及它们在应用程序进程的生命周期中所起到的作用是十分重要的。一个使用不当的应用组件会导致系统杀掉（kill）该应用的进程。

在内存不足时由系统决定哪些进程被 kill 掉，Android 的方法就是将所有进程放入一个基于组件的运行和状态的"重要性层级"中。以下是重要性的排序。

① foreground process（显著进程）持有一个与用户交互的屏幕顶层的 Activity，或者一个目前正在运行的 IntentReceiver。系统中这样的进程并不多，一般情况下仅在内存已被耗尽，且不足以维持进程运行时万不得已才被 kill 掉。通常，这个时候的设备已经到了存储器页面调整状态，因此 kill 是为了保证用户界面的响应而不得已要做的（防止假死）。

② visible process（可见进程）持有一个用户在屏幕上可见但并不是在最显著位置的 Activity（onPause()方法被调用）。例如，如果新的显著进程（对话框）被显示并允许之前的 Activity 显示为背景，这样的进程被认为相当重要而不可以 kill 掉，除非是为了保证显著进程可以运行而进行的 kill 操作。

③ service process（服务进程）持有一个通过 startService()方法启动的 Service，尽管这些进程并不会被用户直接看到（Service 不提供界面显示），但它同样在处理一些用户很关心的事情，如在后台播放音乐、文件的上传下载等操作。所以系统会一直维持这些进程的运行，除非内存已无法维持显著进程和可见进程的运行。

④ background process（后台进程）持有一个用户已不可见的 Activity（onStop()方法被调用）。这些进程在内存中的存在或消失对用户来说没有直接的影响。系统可以在任意时刻 kill 掉这类进程并释放内存给前面三类进程。通常系统中这类进

程会很多，它们会被保存在一个 LRU 列表中，即在系统内存不足时，用户最近最少访问的进程将最先被 kill 掉。

⑤ empty process（空进程）不包含任何应用程序组件。保留这些进程是为了充当缓存的作用，以提高应用程序下一次启动的速度，因此系统会优先使用这些进程所持有的资源。kill 空进程的操作通常是为了平衡系统资源在内核缓存和进程缓存之间分配的问题。

4.8 本章小结

本章主要介绍了 Android 的一些基本概念，读者对 Android 的架构有了一定的了解，这对后面的编程有促进的作用。只有弄明白了原理，才能编写出更好的程序。

第 5 章

Service 应用

5.1 什么是 Service

顾名思义，Service 即"服务"，它与 Activity 属于同一等级的应用程序组件，不同的是，Activity 拥有前台运行的用户界面，而 Service 不能自己运行，需要通过某个 Activity 或者其他 Context 对象来调用。另外，Service 在后台运行，不能与用户直接进行交互。在默认情况下，Service 运行在应用程序进程的主线程之中，但如果需要在 Service 中处理一些诸如连接网络等耗时操作时，就应该将其放在单独的线程中进行处理，避免阻塞用户界面。可以通过 Context.startService()和 Context.bindService()两种方式来启动 Service。

1. 使用 Context.startService()启动 Service

该种方法需要经历如下的步骤：Context.startService→onCreate()→onStart()→Service running→onDestroy()→Service stop。

如果 Service 处于未运行的状态，则需要先调用 onCreate()再调用 onStart()的顺序来启动；如果 Service 已经处于运行状态，则只需要调用 onStart()来启动 Service 即可。onStart()方法可被重复调用多次。如果使用这种方式启动 Service，那么关闭 Service 的方法就很简单，可以通过调用 stopService()方法停止 Service，再调用 onDestroy()方法销毁 Service。如果调用者直接退出而没有调用 stopService()，那么 Service 会在后台一直运行，直到该 Service 的调用者再次启动后通过 stopService()关闭 Service。

这种调用方式的 Service 生命周期为：onCreate()→onStart()（多次）→onDestroy()。

2. 使用 Context.bindService()启动 Service

该种方法启动 Service 需要经历如下步骤：Context.bindService()→onCreate()→onBind()→Service running→stopService()→onUnbind()→onDestroy()→Service stop。

onBind 将返回给客户端一个 IBind 接口实例，这个实例允许客户端回调服务方法，如得到 Service 的运行状态的操作。这种方法会把调用者（Context、Activity 等）与 Service 绑定在一起，Context 退出时，Service 也会调用 onUnbind()→onDestroy()退出。所以在这种调用方式下，Service 的生命周期为：onCreate()→onBind()（与第一种方式不同，这里 onBind()只能绑定一次，不可多次绑定）→onUnbind()→onDestroy()。

与 Activity 类似，创建一个 Service 的基本方法是通过继承 android.app.Service 类来实现 Service 自己的服务。另外，也需要在 AndroidManifest.xml 中注册 Service。在 Service 的生命周期中，只有 onStart()方法可被多次调用，其他的 onCreate()、onBind()、onUnbind()、onDestroy()等方法在一个生命周期中都只能被调用一次。

使用 Service 的应用场景有很多，如播放音视频文件时，用户启动了其他 Activity，这时播放程序还会在后台继续播放；又如，需要检测 SD 卡上文件变化的应用程序、需要在后台记录用户的地理信息位置改变信息的应用程序等。因为 Service 是后台运行的，所以它总是在程序需要后台服务的时候调用。以音乐播放器的应用为例，在播放器应用运行的过程中会涉及很多 Activity，用户可以在不同的 Activity 下进行不同的操作而达到不同的目的，如果用户进入歌曲菜单选择歌曲进行播放，这时就需要借助 Service 后台运行的特点，使用户在导航到其他 Activity 时音乐仍继续播放。在此应用中，音乐播放 Activity 会使用 Context.startService()启动一个 Service，在后台开始播放音乐，系统会一直保持这个 Service 直到音乐播放结束，在播放过程中还可以进行暂停、继续等操作。

5.2 跨进程调用

通常，应用程序都在一个专属于自己的进程内运行，但有时需要在进程间传递对象，这就涉及跨进程调用机制。在 Android 平台中，一个进程不能直接访问其他进程的内存区域。为了解决进程间数据共享的问题，需要把对象拆分成操作系统能理解的简单形式，以便伪装成本地对象进行跨界访问，为此就需要跨进程通信的双方约定一个统一的接口。由于编写这种接口的方法具有很大的共性，Android 提供了 AIDL 工具来辅助完成接口的编写工作。

AIDL（Android Interface Definition Language，Android 接口描述语言）属于

IDL 语言的一种，借助它可以快速地生成接口代码，使得在同一个 Android 设备上运行的两个进程之间可以通过内部通信进程进行交互。如果需要在一个进程中（假设为一个 Activity）访问另一个进程中（假设为一个 Service）某个对象的方法，就可以使用 AIDL 来生成接口代码并传递各种参数。

跨进程调用通常是以服务端提供服务供客户端调用的形式存在的，因此要使用 AIDL。服务端需要以 AIDL 文件的方式提供服务接口，AIDL 工具将生成一个对应的 Java 接口对象，并且在生成的接口中包含一个供客户端调用的 stub 服务桩类，stub 对象就是远程对象的本地代理。服务端的实现类需要提供返回 stub 服务桩类对象的方法。使用时，客户端通过 onBind()方法得到服务端 stub 服务桩类的对象，之后就可以像使用本地对象一样使用它了。AIDL 的具体使用将在 5.3.4 节的示例中进行说明。

5.3 Service 实例——音乐播放器

为了更好地学习和深入了解 Service，这里通过一个示例项目来介绍分别通过 Context.startService()和 Context.bindService()两种方式来启动 Service。示例项目名称为 ServiceDemo。因为示例涉及音频文件的播放，所以需要在项目的 res 文件夹中新建一个 raw 文件夹，在 raw 文件夹中放入测试音乐 test.mp3。下面对代码进行分析和说明。

程序的主界面由 ServiceDemo.java 实现，对应的布局文件是 main.xml，主要实现了通过 4 个按钮分别启动 4 种音乐播放方式播放音乐文件，即通过 4 个 Button 来启动 4 个 Activity。代码实现较为简单，没有必要在此列出，但是代码中有一点值得向读者推荐的编写代码的方式，因此还是将代码列出如下。

```java
public class ServiceDemo extends Activity implements OnClickListener {
    private Button musicServiceBtn,bindMusicServiceBtn,receivermusicService
    Btn,remoteMusicServiceBtn;
    @Override
    public void onCreate(Bundle savedInstanceState) {
        super.onCreate(savedInstanceState);
        setContentView(R.layout.main);
        findView();
        bindButton();
    }
    private void findView() {                    //用于获取UI控件的代码集合
        musicServiceBtn = (Button) findViewById(R.id.musicService);
```

```
      ……                            //另外 3 行相似代码略
    }
    private void bindButton() {      //用于绑定单击事件监听器的代码集合
      musicServiceBtn.setOnClickListener(this);
      ……                            //另外 3 行相似代码略
    }
    public void onClick(View v) {    //单击事件响应处理方法
      switch (v.getId()) {
        case R.id.musicService:  startActivity(new Intent(this,
      PlayMusic.class));
          break;
        ……                          //另外 9 行相似代码从略
      }
    }
}
```

注意，代码中把所有的获取 UI 控件的代码都放在了 findView()方法下，而所有绑定事件监听器的代码都放在了 bindButton()方法下，这样写代码可以使代码的结构清晰，维护起来也比较方便。

程序运行效果如图 5-1 所示。

图 5-1 初始界面

5.3.1 使用 startService 启动服务

单击第一个按钮进入 Music Service（使用 startService()和 stopService()方法来启动和停止服务）播放界面，通过重写该 Activity 的 onClick()方法来实现对播放器的控制，具体实现是将对各种不同按钮的单击事件信息存放于操作码（自定义编码）中，然后通过 Intent 携带该信息并传递给 Service。

需要构造一个 Intent 用于启动 Service，代码如下：

```
Intent intent = new Intent("com.android.ServiceDemo.musicService");
```

其中，"com.android.ServiceDemo.musicService"是在 AndroidManifest.xml 文件中对该 Service 类的唯一指定 name。正因为如此，才可以通过该方法启动 service。

```xml
<Service android:enabled="true" android:name=".MusicService">
    <Intent-filter>
        <Action android:name="com.android.ServiceDemo.musicService"/>
    </Intent-filter>
</Service>
```

然后把各种单击事件所对应的操作码存放到 Bundle（一种数据结构）中，再将该数据捆绑到 Intent 上，代码如下：

```java
Bundle bundle = new Bundle();
bundle.putInt("op", op);
intent.putExtras(bundle);
```

最后使用 startService(intent)启动服务，服务启动时可以从 Intent 中取出前面捆绑的 Bundle 数据结构，从中获取操作码从而获知用户操作的事件。

下面列出 PlayMusic.java 的具体实现。该 Activity 包括了音乐的播放、暂停、停止、关闭和退出 5 个按钮，主要的逻辑就是操作码的发送，代码如下。

```java
public class PlayMusic extends Activity implements OnClickListener {
    private static final String TAG = "PlayMusic";
    private Button playBtn,stopBtn,pauseBtn,exitBtn,closeBtn;
    @Override
    public void onCreate(Bundle savedInstanceState) {
        super.onCreate(savedInstanceState);
        setContentView(R.layout.music_service);
        setTitle("Music Service");
        findView();
        bindButton();
    }
    private void findView() {        //用于获取UI控件的代码集合
        ……
    }
    private void bindButton() {      //用于绑定单击事件监听器的代码集合
        ……
    }
    @Override
    public void onClick(View v) {
```

```
    int op = -1;
    //用于启动对应 Service 的 intent 对象
    Intent intent = new Intent("com.android.ServiceDemo.musicService");
    switch (v.getId()) {        //根据被单击按钮 id 生成操作码 op,并进行必要
                                的操作
       case R.id.play: Log.d(TAG, "onClick: playing muic");
          op = 1;               //播放的操作码为 1
          break;
       case R.id.pause:
          Log.d(TAG, "onClick: pausing music");
          op = 2;               //暂停的操作码为 2
          break;
       case R.id.stop: Log.d(TAG, "onClick: stoping music");
          op = 3;               //停止的操作码为 3
          break;
    //由于关闭和退出操作不会操作 service,因此不需要 op
       case R.id.close: Log.d(TAG, "onClick: close");
          this.finish();
          break;
       case R.id.exit: Log.d(TAG, "onClick: exit");
          stopService(intent);
          this.finish();
          return;
       }
    }
    Bundle bundle = new Bundle();
    bundle.putInt("op", op);    //将 op 存放于 bundle 中
    intent.putExtras(bundle);   //将 bundle 绑定到 intent
    startService(intent);       //使用 intent 启动服务
    }
}
```

上面代码中出现了很多的类似于"Log.d(TAG , "")"的语句,这里对其进行简单说明。Log 类是 Android 提供的用于输出日志信息的类,通常可以用于对代码进行简单的调试,通过该类的方法输出的信息将会被输出到 ADT 的 LogCat 视图中,可以在 LogCat 视图中通过建立过滤器的方式来方便地查看所需要的日志信息。这些用于打印日志的代码对于应用程序逻辑来说是不会产生影响的,为了节省篇幅,在本书之后的代码段中对 Log 进行省略。

本例中使用的 MusicService 服务使用了系统自带的 MediaPlayer 进行音乐的播放控制。如前面介绍的 Service 生命周期,当通过 startService()方法调用服务后会先调用该 Service 的 onCreate()方法,并对 MediaPlayer 进行初始化。然后调用

onStart()方法，传递给 startService()的 Intent 对象会被传递给 onStart()方法，在 onStart()方法中就可以得到 Intent 中绑定的操作码信息，代码如下：

```
Bundle bundle = intent.getExtras();
int op = bundle.getInt("op");
```

再根据约定的操作码进行相应的操作。播放和暂停状态如图 5-2 和图 5-3 所示。

图 5-2　用 startService()方法开始播放音乐　　图 5-3　用 stopService()方法停止播放音乐

需要说明的是，PlayMusic 这个 Activity 中的 close 和 exit 按钮的功能是不一样的：close 只是调用 finish()退出当前的 Activity，但是 Service 并没有关掉，即此时音乐会在后台继续播放；而 exit 是先通过调用 stopService(intent)方法停止服务，此时 Service 的 onDestroy()方法会被触发从而销毁 mediaPlayer 并释放资源，再通过 finish()方法关闭 Activity。

MusicService.java 是实现前面所说的 Service 的具体代码，关键代码如下：

```java
public class MusicService extends Service {
    private MediaPlayer mediaPlayer;
    @Override
    public IBinder onBind(Intent arg0) {
        return null;
    }
    @Override
    public void onCreate() {
        Toast.makeText(this, "启动音乐播放器", Toast.LENGTH_SHORT).show();
        //若当前 mediaPlayer 对象为空，则创建一个媒体播放器对象用于播放音频文件
```

```java
    if (mediaPlayer == null) {
        mediaPlayer = MediaPlayer.create(this, R.raw.tmp);
        //使用指定的音频文件初始化播放器
        mediaPlayer.setLooping(false);        //设置为不循环播放
    }
}
@Override
public void onDestroy() {
    Toast.makeText(this, "停止音乐播放器", Toast.LENGTH_SHORT).show();
    if (mediaPlayer != null) {         //当Service被销毁时释放所占资源
        mediaPlayer.stop();
        mediaPlayer.release();
    }
}
@Override
public void onStart(Intent intent, int startId) {
    if (intent != null) {
        Bundle bundle = intent.getExtras();
        if (bundle != null) {
            int op = bundle.getInt("op");//取出绑定在intent上的操作数值
            switch (op) {                  //根据不同的操作数执行对应的操作
                case 1: play();
                    break;
                case 2: pause();
                    break;
                case 3: stop();
                    break;
            }
        }
    }
}
public void play() {                          //播放音乐
    if (!mediaPlayer.isPlaying()) {
        mediaPlayer.start();
    }
}
public void pause() {          //暂停，可以继续播放
    if (mediaPlayer != null && mediaPlayer.isPlaying()) {
        mediaPlayer.pause();
    }
}
public void stop() {           //停止，不保留播放位移，下次从头播放
    if (mediaPlayer != null) {
        mediaPlayer.pause();
```

```
        mediaPlayer.seekTo(0);                    //清除播放位移
    }
  }
}
```

5.3.2 使用 Receiver 方式启动服务

除了前面所用的方式外,也可以通过广播的方式来启动服务。首先要实现一个 Receiver 类继承自 BroadcastReceiver,并且在 AndroidManifest.xml 中进行注册:

```
<Receiver android:name=".MusicReceiver">
  <Intent-filter>
     <Action android:name="com.android.ServiceDemo.musicReceiver"/>
  </Intent-filter>
</Receiver>
```

与 5.3.1 节使用的方法不同,这里是通过事先注册的 receiver 接收系统的广播并触发 MusicService 的启动,即事实上仍然是使用的 MusicService 的代码来进行播放,增加的步骤是在 startService()方法调用前调用 sendBroadcast()方法发送广播并启动 Receiver,然后做出进一步操作。因此,PlayReceiverMusic 这个 Activity 的代码与 PlayMusic 几乎一样,不同之处在于,此处 Intent 的名称变为了 com.android.ServiceDemo.musicReceiver,并通过 sendBroadcast (intent)首先触发 receiver;另外在处理 exit 操作的时候略有不同,即此时不是直接使用 stopService 来停止服务,而是通过操作码的方式将停止服务的操作移交给 Receiver 处理。MusicReceiver 的实现代码如下。

```
public class MusicReceiver extends BroadcastReceiver {
  @Override
  public void onReceive(Context context, Intent intent) {
    Intent it = new Intent("com.android.ServiceDemo.musicService");
    Bundle bundle = intent.getExtras();
    it.putExtras(bundle);          //构建新的 intent 用于启动 MusicService
    if(bundle != null){
       int op = bundle.getInt("op");
       if(op == 4){                         //判断是否为停止服务操作
          context.stopService(it);     //在 receiver 中停止服务
       }
       else{
          context.startService(it);    //其余操作仍交给 MusicService 处理
       }
    }
```

}
}

从代码中可以知道 MusicReceiver 的作用很简单，即当 MusicReceiver 接收到广播后，再根据传递过来的操作码进行相应的操作，若操作码代表的是 exit，则停止服务，否则将其他操作（播放、暂停等）移交给 MusicService 做进一步处理。

5.3.3 使用 bindService 方式启动服务

本节讲述使用 bindService 方式来启动 Service，如同基本的 startService，首先也需要一个播放控制界面 Activity，由于对服务进行了绑定，PlayBindMusic 这个 Activity 的事件处理不再通过前面使用的传递 op（操作码）的方式，而是通过直接调用在 Service 内部实现的相应方法的方式来实现事件处理，相当于 Service 直接为使用服务者提供了一系列的操作方法作为接口，也就是在下面代码中即将看到的 play()、stop()方法等。PlayBindMusic.java 代码如下：

```java
public class PlayBindMusic extends Activity implements OnClickListener {
    private Button playBtn,stopBtn,pauseBtn,exitBtn;
    private BindMusicService musicService;
    @Override
    public void onCreate(Bundle savedInstanceState) {
        super.onCreate(savedInstanceState);
        setContentView(R.layout.bind_music_service);
        setTitle("Bind Music Service");
        findView();
        bindButton();
        connection();
    }
    private void findView() {                    //获取UI控件
        ……
    }
    private void bindButton() {                  //为UI控件绑定事件监听器
        ……
    }
    private void connection(){
        Intent intent = new Intent("com.android.ServiceDemo.bindService");
        bindService(intent, sc, Context.BIND_AUTO_CREATE);
    }
    @Override
    public void onClick(View v) {
        switch (v.getId()) {
            case R.id.play: musicService.play();  //使用BindMusicService
```

提供的play接口播放
```
        break;
    case R.id.stop: if(musicService != null){
                    musicService.stop();     //使用stop接口停止播放
                }
        break;
    case R.id.pause: if(musicService != null){
                    musicService.pause();    //使用pause接口暂停播放
                }
        break;
    //通过bind方式使用Service,在Activity调用finish时,相关联的Service
    会自动被销毁,不需要再使用代码来执行销毁Service的动作
    case R.id.exit: this.finish();
        break;
    }
}
//用于监视服务连接状态的对象
private ServiceConnection sc = new ServiceConnection() {
    public void onServiceDisconnected(ComponentName name) {
    //失去连接的回调方法
        musicService = null;
    }
    //建立连接的回调方法
    public void onServiceConnected(ComponentName name, IBinder service) {
        musicService=((BindMusicService.MyBinder)(service)).GetService();
    }
};
}
```

这里使用了bindService(intent, sc, Context.BIND_AUTO_CREATE)方法来绑定并使用服务,需要一个ServiceConnection类型的对象,该对象用于监视服务连接的状态,在服务绑定成功时会调用回调方法 onServiceConnected(),并在回调函数中获取 BindMusicService 服务对象。有了 BindMusicService 实例对象,就可以调用服务提供的各种控制音乐播放的功能。

下面再来看BindMusicService.java的实现:

```
public class BindMusicService extends Service {
    private MediaPlayer mediaPlayer;
    private final IBinder binder = new MyBinder();
    public class MyBinder extends Binder {    //定义自己的Binder类,用于传
                                              //递Service对象
        BindMusicService getService() {
            return BindMusicService.this;
```

```java
    }
    @Override
    //当服务被绑定时返回一个IBinder对象,IBinder用于传递Service对象
    public IBinder onBind(Intent intent) {
        return binder;
    }
    @Override
    public void onCreate() {
        super.onCreate();
        Toast.makeText(this, "绑定音乐播放器成功", Toast.LENGTH_SHORT).show();
        if (mediaPlayer == null) {
            mediaPlayer = MediaPlayer.create(this, R.raw.tmp);
        }
    }
    @Override
    public void onDestroy() {
        super.onDestroy();
        Toast.makeText(this, "停止音乐播放器", Toast.LENGTH_SHORT).show();
        if(mediaPlayer != null){
            mediaPlayer.stop();
            mediaPlayer.release();
        }
    }
    public void play() {                //播放方法,用public声明供外部使用
        if ((!mediaPlayer.isPlaying()) && mediaPlayer != null) {
            mediaPlayer.start();
        }
    }
    public void pause() {               //暂停方法
        if (mediaPlayer != null && mediaPlayer.isPlaying()) {
            mediaPlayer.pause();
        }
    }
    public void stop() {                //停止方法
        if (mediaPlayer != null) {
            mediaPlayer.pause();
            mediaPlayer.seekTo(0);
        }
    }
}
```

从上面的代码中可以发现有个返回 IBinder 对象的 onBind 方法,这个方法会在 Service 被绑定到其他程序上时被调用,其返回的 IBinder 对象即之前的

onServiceConnected()方法中的参数 IBinder。应用与 Service 之间就是依靠这个 IBinder 对象进行通信的。

5.3.4 通过 AIDL 方式使用远程服务

关于 AIDL 的解释和用法已经在 5.2 节中进行了介绍，本节通过示例进一步介绍它的具体用法。为了更清晰地演示远程服务，这里将实现服务的部分单独放在一个项目中，名称为 Service Demo_aidl。为了实现通过 AIDL 方式使用远程服务，首先需要使用 AIDL 编写用于使用远程服务的接口，编写接口的方法是在项目的包构下建立后缀名为 .AIDL 的文件，ADT 会因此判别文件是用于定义接口的，进而自动生成相应的 Java 代码，AIDL 的编写通常较为简便，只需要指明包名然后简单定义接口需要实现的方法即可。本项目的 IMusicControlService.aidl 文件内容如下，文件的名称通常加上大写字母 I 作为前缀。

```
package org.allin.android.remote;
interface IMusicControlService{
   void play();
   void stop();
   void pause();
}
```

ADT 会根据上面定义的 AIDL 文件生成一个 Java 接口类。生成的接口类中会有一个 Stub 类，使用方法是通过继承 Stub 类并实现前面所定义的一系列接口方法，然后在客户端绑定 Service 的时候返回该 Stub 对象即可。代码中采用内部匿名类的方式实例化了一个 Stub 对象，然后通过 onBind()方法将该对象传递给调用服务的 Activity。RemoteMusicService 的代码如下。

```
public class RemoteMusicService extends Service {
   private MediaPlayer mediaPlayer;
   @Override
   public IBinder onBind(Intent intent) {
      return binder;                       //在服务被绑定时返回该远程对象
   }
   //实现 IMusicControlService 接口的匿名内部类
   private final IMusicControlService.Stub binder = new ImusicControlService.Stub() {
      @Override
      //停止播放，由于是远程调用该方法，因此抛出 RemoteExcaption 异常
      public void stop() throws RemoteException {
         if (mediaPlayer != null) {
```

```java
            mediaPlayer.stop();
            try {
                mediaPlayer.prepare();
                mediaPlayer.seekTo(0);
            }
            catch (IOException ex) {
                ex.printStackTrace();
            }
        }
    }
    @Override
    public void play() throws RemoteException {        //播放或继续播放
        if (mediaPlayer == null) {
            mediaPlayer = MediaPlayer.create(RemoteMusicService.this,R.
            raw.tmp);
            mediaPlayer.setLooping(false);
        }
        if (!mediaPlayer.isPlaying()) {
            mediaPlayer.start();
        }
    }
    @Override
    public void pause() throws RemoteException {       //暂停播放
        if (mediaPlayer != null && mediaPlayer.isPlaying()) {
            mediaPlayer.pause();
        }
    }
};
@Override
public void onDestroy() {
    super.onDestroy();
    if(mediaPlayer != null){
        mediaPlayer.stop();
        mediaPlayer.release();
    }
  }
}
```

服务需要在 ServiceDemo_aidl 项目的 AndroidManifest.xml 文件中进行注册，否则在之后的调试中可能会提示找不到该服务，在 ServiceDemo 项目中就不用声明这个服务了。

在项目 ServiceDemo_aidl 中实现了 AIDL 接口及服务 RemoteMusicService

之后，如何在另外一个应用程序中通过 AIDL 接口来调用服务呢？首先需要将 AIDL 接口定义文件 IMusicControlService.aidl 及其包结构复制到 Service Demo 下（如图5-4所示），ADT 也会在项目中自动生成对应的 Java 接口代码；然后就可以通过类似于绑定本地服务的方式来绑定该远程服务了。注意，在 ServiceConnection 中获取 IBinder 对象时需要通过 ImusicControl Service.Stub.asInterface(IBinder)的方式来进行类型转换，而不能使用前面的直接强制类型转换。PlayRemoteMusic 的代码如下。

图 5-4 AIDL 工程目录

```java
public class PlayRemoteMusic extends Activity implements OnClickListener {
    private Button playBtn,stopBtn,pauseBtn,exitBtn;
    private IMusicControlService musicService;
    @Override
    public void onCreate(Bundle savedInstanceState) {
        super.onCreate(savedInstanceState);
        setContentView(R.layout.remote_music_service);
        setTitle("Remote Music Service");
        findView();
        bindButton();
        connection();
    }
    private void findView() {         //用于获取UI控件的代码集合
        ……
    }
    private void bindButton() {       //用于绑定单击事件监听器的代码集合
```

Service应用

```java
        ......
    }
    private void connection(){                    //绑定远程服务
        Intent intent = new Intent("com.android.ServiceDemo.remote.Remote
        MusicService");
         bindService(intent, sc, Context.BIND_AUTO_CREATE);
    }
    @Override
    public void onClick(View v) {
      try{
         switch (v.getId()) {
           case R.id.play: musicService.play();
           //像本地服务一样使用远程服务的方法
              break;
           case R.id.stop: if(musicService != null){
                     musicService.stop();
                 }
              break;
           case R.id.pause: if(musicService != null){
                     musicService.pause();
                 }
              break;
           case R.id.exit: this.finish();
              break;
         }
      }
      catch (RemoteException e) {
         e.printStackTrace();
      }
    }
    private ServiceConnection sc = new ServiceConnection() {
      @Override
      public void onServiceDisconnected(ComponentName name) {
         musicService = null;
      }
      @Override
      public void onServiceConnected(ComponentName name, IBinder service){
          //获取远程服务对象在本地的代理,必须是通过如下方式进行类型转换
         musicService = IMusicControlService.Stub.asInterface(service);
      }
    };
}
```

当该Activity绑定到远程Service对象时,onServiceConnected()方法将被调用,

并获得 IBinder 对象。该对象就是远程 Service 对象在本地的代理，借助 AIDL 所定义的接口，就可以向使用本地服务一样来使用远程服务的方法了。

课后习题

1．使用 Service 在互联网上下载一项资源并有下载完成提示。

2．示例中，AIDL 没有传递变量而只涉及了方法的调用，试在其中加入一个简单类型的变量，如 string、int 类型的数据，能够远程访问和使用这些变量。

3．传递一个较为复杂的对象，利用 parcel 类（具体参看 SDK 文档说明）。

4．使用 Service 完成录音时候的进行计时并在 UI 上显示倒计时。例如，初始设定录音时间 3 分钟，开始录音时，UI 显示倒计时，剩余时间为 0 时停止录音，并提示用户时间到。

5．使用 Service 实现与人通话过程中的录音。

5.4 本章小结

本章介绍了使用 Service 最通用的一些用法，包括启动、停止、关闭服务，但 Service 还有很多更丰富的使用方法，限于篇幅，本书就不进行介绍了，有兴趣的读者可以查阅相关资料，并在实际运用中加以深入学习。

第 6 章
Android 数据存储

6.1 Android 数据基本存储方式

6.1.1 SharedPreferences

Android 中的 SharedPreferences 是用来存储简单数据的一个工具类，这个工具类与 Cookie 的概念相似，通过用键值对的方式把简单的数据存储在应用程序的私有目录（data/data/<packag-ename>/shared_prefs/）下指定的 XML 文件中。

SharedPreferences 提供了一种轻量级的数据存储方式，通过 edit()方法来修改存储内容，通过 commit()方法提交修改后的内容。有以下重要的使用方法：

① contains (String key)：检查是否已存在关键字 key。

② edit()：为 preferences 创建编辑器 Editor，通过 Editor 可以修改 preferences 中的数据，通过执行 commit()方法提交修改。

③ getAll()：返回 preferences 所有的数据（Map）。

④ getBoolean(String key, boolean defValue)：获取 boolean 类型数据。

⑤ getFloat(String key, float defValue)：获取 float 类型数据。

⑥ getInt(String key, int defValue)：获取 int 类型数据。

⑦ getLong(String key, long defValue)：获取 long 类型数据。

⑧ getString(String key, String defValue)：获取 string 类型数据。

⑨ registerOnSharedPreferenceChangeListener(SharedPreferences.OnSharedPreference Change Listener listener)：注册一个当 preference 被改变时调用的回调函数。

⑩ unregisterOnSharedPreferenceChangeListener(SharedPreferences.OnShared PreferenceChange Listener listener)：删除回调函数。

下面通过一个示例来认识这个类似于 Cookie 的 Android 简单数据存储机制。示例项目名称为 SharedPrefsDemo，该项目的主 Activity 如图 6-1 和图 6-2 所示。

图 6-1　初始状态　　　　　　　　　图 6-2　保存后状态

界面布局比较简单，即一系列的 UI 控件通过 LinearLayout 嵌套。XML 代码就不再列出，可以到本书附带的源码中进行查看。下面来看 Activity 的实现，在 Activity 中通过单击"保存"按钮来实现对 SharedPreference 的修改和提交。

```java
public class SharedPrefsDemo extends Activity {
    public static final String SETTING_INFOS = "SETTING_INFOS";
    public static final String NAME = "NAME";
    public static final String PASSWORD = "PASSWORD";
    public static final String SEX = "SEX";
    private EditText username,passwd;
    private Button save;
    private TextView status;
    private Spinner sex;
    ArrayAdapter<CharSequence> adapter;
    //为选择性别的下拉列表定义一个适配器
    @Override
    public void onCreate(Bundle savedInstanceState) {
        super.onCreate(savedInstanceState);
        setContentView(R.layout.main);
        username = (EditText)findViewById(R.id.name);
        //获取 UI 控件，其余略
        ……
        //获取一个 SharedPreferences 对象
        SharedPreferences settings = getSharedPreferences(SETTING_INFOS, 0);
        String name = settings.getString(NAME, "");      //取出保存的用户名
        String password = settings.getString(PASSWORD, "");  //取出密码
        int sex_code = settings.getInt(SEX, 0);          //取出保存的性别
```

Android数据存储

```java
    save.setOnClickListener(new OnClickListener() {
        @Override
        public void onClick(View v) {
            //获取SharedPreferences对象
            SharedPreferences settings = getSharedPreferences(SETTING
            INFOS,0);
            //关键代码：保存用户名、密码及性别
            settings.edit().putString(NAME,username.getText().toString()).
                        putString(PASSWORD,passwd.getText().toString()).
                            putInt(SEX,
sex.getSelectedItemPosition()).commit();
        }
    });
    /*构造性别选择列表的适配器*/
    adapter = ArrayAdapter.createFromResource(this, R.array.sex,
                    android.R.layout.simple_spinner_item);
    adapter.setDropDownViewResource(android.R.layout.simple_spinner_
    dropdown_item);
    /*配置性别选择下拉列表*/
    sex.setPrompt("请选择你的性别");
    sex.setAdapter(adapter);
    //设置值
    username.setText(name);              //将取出的用户名赋值给用户名编辑框
    passwd.setText(password);            //将取出的密码赋值给密码编辑框
    sex.setSelection(sex_code);          //将取出的性别赋值给性别选择框
    }
}
protected void onStop(){
    super.onStop();
    passwd.setText(1);                   //制造异常，使进程退出
}
}
```

Activity 的初始化过程是：在 onCreate()方法中，使用 getSharedPreferences()方法取得 SharedPreferences 的对象 settings，然后使用 getString()方法和 getInt()方法来取得其中保存的值，最后使用 setText()方法和 setSelection()方法将保存的值赋值给编辑框和下拉列表。

单击"保存"按钮时，会先通过 getSharedPreferences()方法得到 settings，然后调用 edit()方法得到编辑器 Editor，使用 Editor 的 putString()方法和 putInt()方法将编辑框及下拉列表的值进行修改，最后使用 commit()方法将数据提交保存。SharedPreferences 以 XML 文件保存需要保存的值，更重要的是，Shared Preferences 只能由所属 package

的应用程序使用，而不能被其他应用程序使用，从而提高了安全性。

当程序退出时，onStop()方法被调用。这里为了使程序完全退出，制造了一个异常，因为由于 Activity 的生命周期是由系统管理的，在使用 Back 键关闭一个 Activity 时，该 Activity 不会完全被销毁，而是驻留在内存中，因此在本例中，如果不完全退出应用程序进程，会导致删除了存储 SharedPreferences 信息的 XML 文件后再次打开应用程序时，只要 Activity 没有被销毁即 onDestroy()方法没有被调用，编辑框和下拉列表的数据会由于直接从内容中恢复而仍然存在，影响示例的演示，因此采用造成异常来关闭应用程序进程。同时，为了使异常退出时不弹出"Force Close 窗口"，这里通过继承 Application 类实现 MyApp 类并重写异常处理方法来解决这个问题。经过如此处理之后，本例就能够更好地解释 SharedPreferences 的使用原理：SharedPrefs 以 XML 文件的形式来存储少量的用户数据，该 XML 文件存放在系统的 "/data/data/<package name>/shared_prefs/" 路径下，可以通过编辑或删除这个文件来进行验证。MyApp 代码如下：

```java
public class MyApp extends Application implements UncaughtExceptionHandler{
    @Override
    public void uncaughtException(Thread thread, Throwable ex) {
        System.exit(0);                    //程序直接退出，不弹出 FC 对话框
    }
    @Override
    public void onCreate() {
        super.onCreate();
        //修改异常处理器，从而防止 Force Close 对话框弹出
        Thread.setDefaultUncaughtExceptionHandler(this);
    }
}
```

6.1.2 Files

虽然 6.1.1 节介绍的 SharedPreferences 可以非常方便地存储数据，但是这种方式只适用于比较少量的数据，在大量数据需要存储时，可以借助于文件存储的功能。例如，借助 Java 文件 I/O 类，使用 FileInputStream 和 FileOutputStream 类来读取和写入文件，典型代码如下：

```java
String FILE_NAME = "filename.txt";        //确定要操作文件的文件名
FileOutputStream fos = openFileOutput(FILE_NAME,Context.MODE_PRIVATE);
//创建输出流
FileInputStream fis = openFileInput(FILE_NAME);        //创建输入流
```

第6章 Android数据存储

使用文件输入/输出流时需要知道如下几点。

① 若创建 FileOutputStream 时指定的文件不存在,系统会自动创建这个文件。

② 默认的写入操作会覆盖源文件的内容,如果想要把新写入的内容附加在原文件的内容之后,可以指定模式为 Context.MODE_APPEND。

③ 默认使用 openFileOutput()方法打开的文件只能被其调用的应用程序使用,其他应用程序将无法读取这个文件。

④ 如果需要在不同的应用程序中共享数据,可以使用 ContentProvider()方法(将在 6.1.3 节中介绍)。

有关 File 相关使用方法的示例项目名称为 FileIODemo,这里简单地对其进行分析。本例的运行效果如图 6-3 和图 6-4 所示。

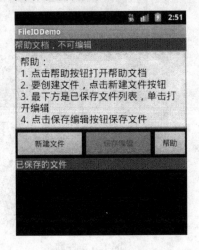
图 6-3 初始状态

图 6-4 新建文件

本例虽然实现的功能比较简单,但是却包含了许多前面所学习过的知识点。首先,从布局上来说,根节点的布局是一个垂直方向排列的 LinearLayout,依次包含了一个 TextView、一个 EditText、一个水平方向排列的 LinearLayout、一个 TextView,最后是一个 ListView。其中的 EditText 还用到了最小显示行数及最大显示行数(超过最大显示行数将出现滚动条)、提示文字等属性,横向 LinearLayout 使用了 layout_weight 即权重属性,使得三个按钮的宽度被合理利用。另外,还在新建文件和保存编辑时使用了对话框进行操作提示。对于 ListView 的显示在此处又采用了不同于 3.3.7 节所介绍的三种方式,此处采用了继承 ListActivity 来实现该项目的主 Activity。ListActivity 是 Android 提供专用于在 Activity 中显示一个 ListView 的 Activity 基类,它的默认布局是存在于屏幕中央的一个 ListView,开发者也可以使用自己的 Layout 布局，但是在 Layout 中必须包含一个 id 为 @android:id/list 的 ListView 控件。使用此种类型的 Activity 类显示 Listview 就很简单了，只需要为自身设置好适配器 Adapter 即可。

该 Activity 主要包括了如下几个主要方法。

① savefile()：用于保存文件。保存文件的过程就是先使用 FileOutputStream 创建输出流，然后获取待写入到文件中的数据并写入文件中。FileOutputStream 写文件的方法是使用 write()方法，使用 flush()方法保证输出流写入完成，最后使用 close()方法关闭输出流，文件保存完毕，如图 6-5 和图 6-6 所示。

图 6-5 保存成功

图 6-6 文件列表

```
protected void savefile() throws IOException {
    FileOutputStream fos = new FileOutputStream(mTextFile);
    fos.write(et.getText().toString().getBytes());
    fos.flush();                                //确保输出完毕
    fos.close();
}
```

② helpdoc()：用于显示该程序的帮助文档。帮助文档对于用户来说是个不可或缺的部分，在此项目中仅作简单的示例。任何一款好的应用程序都有着详细而清楚的帮助文档，帮助用户能够快速掌握程序的相关用法。帮助文档的实现代码很简单，需要注意两点：第一，由于帮助文档需要在应用程序安装的时候一并装载到设备中，因此选择将帮助文档存放于 res/raw 目录下，在代码中访问该目录下文件的方式为使用如下所示的 URI：

```
"android.resource://com.android.example.fileiodemo/" + R.raw.help
```

即在对应文件的 id 前加上一个用于表示 RAW 文件地址的 URI 前缀；第二，由于帮助文档是由 PC 上编辑完成之后纳入到项目目录下的，因此可能涉及编码的问题，对于中文显示乱码的问题，就需要将输出字符编码类型设定为 GBK：

```
myString = new String(baf.toByteArray(),"GBK");
```

③ readfile()：用于打开文件。本例中打开文件的步骤是，使用 FileInputStream 得到待打开文件的输入流，然后从输入流中读出所包含的数据内容并显示到文本框中。

④ 重写 onListItemClick()方法：用于相应 ListView 内容的单击事件。

⑤ textFileList()：用于列出已经保存过的文件列表，供用户浏览、编辑。

⑥ 重写 onCreateDialog()方法：用于弹出保存提示及新建文件提示对话框。

另外，本例还实现了一个用于过滤文件类型的内部类 TextFilter，由于本例涉及的 File 都是文本文件，因此使用 TextFilter 过滤出 TXT 类型的文件，以便显示到列表视图中。

6.1.3 ContentProvider

在 Android 中，使用统一资源标识符（Uniform Resource Identifier，URI）来定位文件和数据资源。统一资源定位器（Uniform Resource Locator，URL）是用于标识资源的物理位置，相当于文件的路径，URI 则是标识资源的逻辑位置，并不提供资源的具体位置。例如，Android 通讯录中的数据，如果使用 URL 来标识，可能会是一个很复杂的定位结构，并且一旦文件的存储路径改变，URL 也必须随之改动；而对于 URI，可以用诸如 content://contract/ people 这样的逻辑地址来标识，对于用户来说，这种方式不需要关心文件的具体位置，即使文件位置改动也不需要变化，后台程序中，URI 到具体位置的映射可通过程序员来进行维护。

ContentProvider 是应用程序私有数据对外的接口，程序通过 ContentProvider 访问数据时不需要关心数据具体的存储及访问过程，这样既提高了数据的访问效率，同时也保护了数据。Activity 类中有一个继承自 ContentWapper 的 getContentResolver()无参数方法，该方法返回一个 ContentResolver 对象，通过调用其 query()、insert()、update()、delete()方法访问数据。这几个方法的第一个参数均为 URI，用来标识需要访问的资源或数据库。

ContentProvider URI 固定的形式如下，以联系人应用程序为例：

content : // contract / eople / 001
   A   B   C   D

A：类似于 URL 中的 http://、ftp:// 等。

B：资源的唯一标识符，可以理解为数据库名。

C：具体的资源类型，可以理解为数据库表名。

D：id，用于指定一个数据，可以理解为数据库中的某一行的 id。

ContentResolver 是用于访问通过 ContentProvider 获取的其他应用程序所共享的数据的类，简单地说就是一个提供数据，一个处理数据。其中，ContentProvider 负责组织应用程序的数据、向其他应用程序提供数据，ContentResolver 负责获取 ContentProvider 提供的数据、修改/添加/删除更新数据等。

ContentProvider 通过如下方式向外界提供数据：应用程序可以通过实现一个 ContentProvider 的抽象接口将自己的数据对外开放，ContentProviders 是以类似数据库中表的方式将数据暴露出来的，因此可以将 ContentProvider 理解为数据库，外界获取其提供的数据的方式与从数据库中获取数据的操作基本一样，只不过这里采用 URI 来表示要访问的数据库。而如何从 URI 中识别出要访问的是哪个数据库的工作则由 Android 底层来完成。下面简要说明 ContentProvider 向外界提供数据操作的接口：

- query(Uri, String[], String, String[], String)。
- insert(Uri, ContentValues)。
- update(Uri, ContentValues, String, String[])。
- delete(Uri, String, String[])。

这些操作与数据库的操作基本一样，在此不进行描述。

ContentProvider 组织数据主要包括：存储数据、读取数据，以数据库的方式暴露数据。数据的存储需要根据设计的需求，选择合适的存储结构，首选数据库，当然也可以选择本地其他文件，甚至可以是网络上的数据。数据的读取，以数据库的方式暴露数据，这就要求：无论数据是如何存储的，数据最后必须以数据的方式访问。

除了上面的内容，ContentProvider 还有以下两个问题值得留意。

① ContentProvider 是什么时候创建的，是谁创建的？访问某个应用程序共享的数据，是否需要启动这个应用程序？这个问题在 Android SDK 中没有明确说明，ContentProvider 是 Android 在系统启动时就创建了。访问某个应用程序的共享数据不需要启动那个应用程序，因为数据已经通过在该应用程序的 AndroidManifest.xml 中定义的<provider>元素方式对外部开放了，其他应用程序只需要按照约定使用数据即可。

② 若多个程序同时通过 ContentResolver 访问一个 ContentProvider，会不会导致类似数据库的"脏数据"？这个问题一方面需要数据库访问的同步，尤其是数据写入的同步，在 AndroidManifest.xml 中定义 ContentProvider 的时候，需要采用<provider>元素 multiprocess 属性的值；另一方面，Android 在 ContentResolver 中提供了 notifyChange()接口，在数据改变时会通知其他使用数据库的应用程序。

创建 ContentProvider 有两种方法，即创建一个属于应用程序自己的 Content Provider 或者将数据添加到一个已经存在的 ContentProvider 中，当然前提是有相同数据类型并且有写入 Content provider 的权限。

6.2 Android 数据库编程——SQLite

6.2.1 SQLite 简介

SQLite 是一款开源的轻量级嵌入式关系型数据库。它在 2000 年由 D. Richard Hipp 发布，支持 Java、.NET、PHP、Ruby、Python、Perl、C 等几乎所有的现代编程语言，并且支持 Windows、Linux、UNIX、Mac OS、Android、iOS 等几乎所有的主流操作系统平台。

SQLite 被广泛应用在苹果、Adobe、Google 的各项产品中。日常生活中所使用到的诸多应用程序中也不难发现 SQLite 的影子，如迅雷的安装目录下可以找到 SQLite3.dll 文件，从名称上基本能够说明迅雷使用了 SQLite 作为其数据库，金山词霸的安装目录中也能发现 SQLite.dll 的存在。是的，SQLite 就广泛应用在日常生活中人们所接触的各种产品中，在 Android 中也内置了完整支持的 SQLite 数据库。

SQLite 数据库具有如下一系列特性：

① 遵守 ACID。
② 零配置，无须安装和管理配置。
③ 存储在单一磁盘文件中的一个完整的数据库。
④ 数据库文件可以在不同字节顺序的机器间自由地共享。
⑤ 支持数据库大小至 2TB。
⑥ 足够小，约 3 万行 C 语言代码，250KB。
⑦ 比一些流行的数据库在大部分普通数据库的操作要快。
⑧ 简单的 API。
⑨ 包含 TCL 绑定，同时通过 Wrapper 支持其他语言的绑定。
⑩ 良好注释的源代码，并且有着 90%以上的测试覆盖率。

⑪ 独立，没有额外依赖。

⑫ Source 完全的开发，可以用于任何用途，包括出售。

⑬ 支持多种开发语言，如 C、PHP、Perl、Java、ASP.NET 和 Python。

6.2.2 SQLite 示例

下面通过一个示例来学习 SQLite 的具体用法，注释中有比较详细的说明。项目名称为 SQLiteDemo。该项目主要包括一个主 Activity 及一个用于访问数据库的辅助类 DBHelper，辅助类中包括创建数据库、创建表以及使用数据库的 insert()、delete()、update()、select()方法，所有与数据库相关的操作都放在了这个辅助类当中，因此 SQLiteDemoActivity 就可以借助于 DBHelper 来访问数据库。采用这样的结构可以使代码结构清楚、便于维护。程序的界面布局使用了 ListView 和 TableLayout 等，而 ListView 又额外使用了一个独立的布局文件来填充每个 item（列表项），布局方法都是对第 3 章内容的综合应用，程序运行的效果如图 6-7、图 6-8 和图 6-9 所示。

图 6-7 初始界面

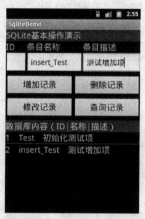

图 6-8 增加一条记录

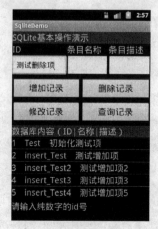

图 6-9 删除记录时 ID 不为数字错误提示

值得说明的是，在对数据库进行操作的时候有两种可供选择的方法：一种是直接使用 SQL 语句进行操作，SQLiteDatabase 类提供了 execSQL()方法用于执行给定的 SQL 语句，另一种方法就是使用由 SQLiteDatabase 类所实现的一系列数据库操作方法，如用于插入的 insert()方法、用于替换表项的 replace()方法、删除表项的 delete()方法等，还提供了用于返回查询结果 Cursor 的 rawQuey()系列的方法，借助于这些方法也可以很方便地操作数据库。本例中对上述两种方法都有部分使用，对数据库进行删除、更改、查询操作的示例效果如图 6-10、图 6-11、图 6-12 所示。现在来看数据库操作辅助类 DBHelper 的实现代码。

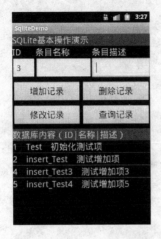   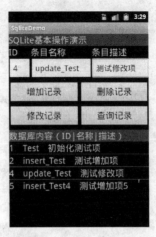

图 6-10　删除 ID 为 3 的行　　　　图 6-11　修改 ID 为 4 的行

图 6-12　查询 ID 为 5 的行

```
public class DBHelper extends SQLiteOpenHelper {
  Context context;//应用环境上下文
  private static SQLiteDatabase db;          //该辅助类维护的数据库对象
```

```java
public String table_name = "files";              //数据库表名
private static final String TAG = "duanhong";    //调试标签
private String name;                             //数据库名
public DBHelper(Context context, String name, CursorFactory factory,
int version) {
    super(context, name, factory, version);
    this.context = context;
    this.name = name;
    db=context.openOrCreateDatabase(name, Context.MODE_PRIVATE, null);
    drop_table();                    //清除数据库,便于测试
    CreateTable();                   //辅助类建立时运行该方法建立数据库
}
@Override
public void onCreate(SQLiteDatabase db) {
}
public void onUpgrade(SQLiteDatabase db, int oldVersion, int
newVersion) {
}
public void CreateTable() {
    try {                            //使用execSQL方法执行SQL语句完成数据库表创建
        db.execSQL("CREATE TABLE IF NOT EXISTS " + table_name + "(" +
                "_id INTEGER PRIMARY KEY AUTOINCREMENT  NOT NULL,"
                + "fileName VARCHAR, description VARCHAR" + ");");
        Log.v(TAG, "Create Table files ok");
    }
    catch (Exception e) {
        Log.v(TAG, e.toString());
    }
}
//初始化表,使用SQLiteDatabase提供的insert()方法插入一行数据
public void initDatabase(){
    ContentValues cv = new ContentValues();   //数据集,表示一行数据
    cv.put("fileName", "Test");
    cv.put("description", "初始化测试项");
    db.insert(table_name, "", cv);
}
/**
 * @param filename 欲插入条目的名称
 * @param description 欲插入条目的描述
 * @return 条目是否插入成功
 */
public boolean insert(String filename, String description){
    String sql="";
    try{
```

Android数据存储

```java
    //打开数据库供后续操作使用
    db = context.openOrCreateDatabase(name, Context.MODE_PRIVATE,
    null);
    sql="insert into files values(null,'"+ filename + "','" +
    description +"')";
    db.execSQL(sql);
    Log.v(TAG,"insert Table files ok");
    return true;
    }
    catch(Exception e){
        Log.v(TAG,"insert Table files err ,sql: "+sql);
        return false;
    }
}
/**
 * @param fileid 欲删除的条目id
 * @return 条目是否删除成功
 */
public boolean delete(int fileid){
String sql="";
    try{
        db=context.openOrCreateDatabase(name, Context.MODE_PRIVATE,
        null);
        sql="delete from files where _id=" + fileid;
        db.execSQL(sql);
        Log.v(TAG,"delete item ok");
        return true;
    }
    catch(Exception e){
        Log.v(TAG,"delete item err ,sql: "+sql);
        return false;
    }
}
/**
 * @param fileid 欲修改的条目id
 * @param filename 欲修改条目名称的目标内容
 * @param description 欲修改条目的目标描述
 * @return 条目是否修改成功
 */
public boolean update(int fileid, String filename, String description){
    String sql="";
    try{
        db=context.openOrCreateDatabase(name, Context.MODE_PRIVATE,
        null);
```

```java
        sql="update files set fileName='"+filename+"',description='
        "+description+"'where id="+fileid;
         db.execSQL(sql);
         Log.v(TAG,"update Table files ok");
         return true;
      }
      catch(Exception e){
         Log.v(TAG,"update Table files err ,sql: "+sql);
         return false;
      }
   }
   /**
    * @param fileid 欲查询的条目 id
    * @return 欲查询条目的 Cursor，使用该 Cursor 可得到条目各属性内容
    */
   public Cursor select(int fileid){
      String sql="_id=" + fileid;
     db = context.openOrCreateDatabase(name, Context.MODE_PRIVATE,null);
     Cursor cur=db.query(table_name, new String[] {"_id", "fileName",
     "description"}, sql, null, null, null, null);
      return cur;
   }
   public Cursor loadAll(){            //返回可得到数据库所有表项的 Cursor
     db = context.openOrCreateDatabase(name, Context.MODE_PRIVATE,null);
     Cursor cur=db.query(table_name,new String[]{"_id","fileName",
     "description"},null,null,null,null,null);
      return cur;
   }
   public void drop_table(){                        //删除表
      String sql="";
      try{
        db=context.openOrCreateDatabase(name, Context.MODE_PRIVATE, null);
        sql="drop table " + table_name;
        db.execSQL(sql);
        Log.v(TAG,"drop Table files ok");
      }
      catch(Exception e){
         Log.v(TAG,"drop Table files err ,sql: "+sql);
      }
   }
   public void close(){                             //关闭数据库
      db.close();
   }
}
```

Android数据存储

实现了数据库辅助类后，在 Activity 中直接调用所实现的各种操作方法如 insert()、delete()、update()、select()等即可，具体做法是将各种方法所需要的参数与界面中对应的编辑框或者文本框相关联，最后将方法的调用放到按钮的单击事件响应处理代码中即可。SQLiteDemoActivity 的代码如下：

```java
public class SqliteDemoActivity extends Activity {
  public String db_name = "sqlite_test";        //数据库名
  Button add;
  ......                                          //控件对象声明
  DBHelper helper;
  public void onCreate(Bundle savedInstanceState) {
    super.onCreate(savedInstanceState);
    setContentView(R.layout.main);
    add = (Button)findViewById(R.id.add);       //获得UI控件
    ......
    //实例化辅助类，在辅助类中实现数据库创建并提供增、删、改、查操作的接口
    helper = new DBHelper(this,db_name,null,2);
    helper.initDatabase();                      //初始化数据
    refresh();                                  //刷新数据库内容显示
    //定义按钮单击监听器
    OnClickListener ocl = new OnClickListener(){
      public void onClick(View v) {
        int id;
        switch(v.getId()){
          //添加条目，使用helper的insert()方法，由于id是自增的，只需提供
          名称及描述
          case R.id.add:helper.insert(filename.getText().toString(),
          descri-ption.getText().toString());
            refresh();
            break;
          //删除条目，从编辑框中获取欲删除的条目id
          case R.id.delete : try {    //若输入id格式错误，给出提示信息
                  id=Integer.parseInt(fileid.getText().toString());
                 }
                  catch (NumberFormatException e) {
                    answer.setText("请输入纯数字的id号");
                    break;
                  }
                  helper.delete(id);
                  refresh();
                  break;
          //更新条目，从id编辑框中获知欲更新的条目
          case R.id.modify : try {
```

```java
                    id=Integer.parseInt(fileid.getText().toString());
                }
                catch (NumberFormatException e) {
                    answer.setText("请输入纯数字的id号");
                    break;
                }
                helper.update(id,filename.getText().toString(),
                    description.getText().toString());
                refresh();
                break;
            //使用id查询数据
            case R.id.query : try {
                    id=Integer.parseInt(fileid.getText().toString());
                }
                catch (NumberFormatException e) {
                    answer.setText("请输入纯数字的id号");
                    break;
                }
                Cursor cur = helper.select(id);
                cur.moveToFirst();
                filename.setText(cur.getString(1));
                description.setText(cur.getString(2));
                break;
            }
        }
    };
    //按钮绑定监听器
    add.setOnClickListener(ocl);
    delete.setOnClickListener(ocl);
    modify.setOnClickListener(ocl);
    query.setOnClickListener(ocl);
}
//刷新数据库内容显示
public void refresh(){
    Cursor cur = helper.loadAll();
    //将cursor对象交给系统管理，使cursor与Activity生命周期同步
    startManagingCursor(cur);
    ListAdapter la=new SimpleCursorAdapter(this,R.layout.list_item,
            cur,new String[]{"_id","fileName","description"},
            new int[]{R.id.item_fileid,R.id.item_filename,R.id.item_description}
            );
    items.setAdapter(la);
```

```
        items.setChoiceMode(ListView.CHOICE_MODE_MULTIPLE);
        helper.close();
    }
    //由于仅用于测试,故在程序被销毁时删除表中数据
    public void onDestroy() {
        super.onDestroy();
        helper.drop_table();
    }
}
```

课后习题

1. 为 SharedPreferences 的示例添加支持存储多组数据的功能。

2. 利用第 1 题中存储的多组数据,为输入用户名的文本框添加自动补全。

3. 改进 6.1.2 节的示例,使得程序可以自定义新建文件的文件名。

4. 改进 6.1.2 节的示例,在文件列表中可以删除文件。

5. 改进 6.2.2 节的示例,使得可以批量删除数据库条目。

6. 将文件 filea 中的内容添加到文件 fileb 末尾处,并删除 filea,实现两个文件的合并。

7. 封装一个完整的对 SQLite 的"接口"操作,可以直接通过该"接口"实现如下操作:对数据库的创建,表的创建、删除,表中数据项的添加、删除、更新等。

8. 将 SQLite 数据库中的信息以一定格式导出到文件中。

6.3 本章小结

本章介绍了如何在 Android 中使用 SQLite 数据库。众所周知,数据库跟程序的联系十分紧密,可以说很多程序都离不开数据库,本章进行了简单介绍,请读者在课后多加联系,熟练掌握。

第 7 章 多媒体开发

多媒体即 Multimedia，它的含义是：在计算机系统中组合两种或两种以上媒体的一种人机交互式的信息交流方式，这些媒体包括文字、图片、照片、声音、动画和影片等。从多媒体概念的提出到今天，它的应用领域已经涉及了诸如广告、艺术、教育、娱乐、工程、医药、商业及科学研究等行业，尤其是网络技术日益发达的今天，多媒体在网页上也得到了很多的应用，正因为有了多媒体的应用，使得应用程序从以前单调乏味的形式发展到今天这样丰富多彩的形式。本章将介绍如何在 Android 上应用多媒体，达到让应用程序美观、易用并且具有吸引力的效果。随着 Android 版本的快速更新，其对多媒体的支持水平也在快速地提升，本章主要介绍的内容有音频、视频、绘图、OpenGL 等，由于图片的显示相对简单，直接嵌入 ImageView 即可，在前面也已经广泛接触到，本章就不再进行介绍。

7.1 音频

音频对于很多应用程序来说是一个非常重要的组成部分，如应用程序中需要使用的提示音、背景音乐等。好的音频将能起到唤起用户注意的作用同时又不会影响用户，好的背景音乐会带给用户非常舒适的使用体验。

目前，Android 对一些主流的音频格式都有着较好的支持，原生 Android 系统所支持解码即播放的音频格有 AAC、AMR、WAV、MP3、WMA、OGG、MIDI 及 FLAC（3.1+）等，支持编码的音频格式有 AAC、AMR。而对于 Android 模拟器来说，暂时只支持解码 OGG、WAV 和 MP3 三种格式。

7.1.1 播放音频

在开发应用程序时，如果需要在应用程序中播放指定的音频文件，通常将需要使用的音频文件存放在 res/raw 文件夹下，ADT 会将这个资源在 R.java 中进行关联，借助于 Android 提供的 MediaPlayer 类，可以快速地完成播放一段音频的代码实现。具体过程是：首先，创建一个 MediaPlayer 对象。创建方式有两种：一是可以使用静态方法 MediaPlayer.create 创建，通过参数使播放器与资源相关联起来，再使用 start()方法开始播放指定的音频文件；二是使用构造方法 MediaPlayer()创建一个播放器对象，然后使用播放器的 setDataSource()方法将音频资源相关联，与静态方法创建播放器不同的是，使用构造方法创建的播放器还需要首先使用 prepare()方法，再使用 start()方法开始播放，否则会抛出一个播放器状态不正常的异常。

两种方式的代码分别如下。

使用静态方法创建播放器：

```
MediaPlayer mediaPlayer = MediaPlayer.create(this, R.raw.tmp);
mediaPlayer.start();
```

使用构造方法创建播放器：

```
MediaPlayer mp = new MediaPlayer();
mp.setDataSource(PATH_TO_FILE);
mp.prepare();
mp.start();
```

播放音频的完整示例在第 5 章介绍 Service 时已经提供，读者可以参照 ServiceDemo 中音频播放的实现方法，在此就不重复。本书所附的源代码中有一个名称为 AudioPlayDemo 的示例项目，该项目中所使用音频资源是存放在 SD 卡中的，读者可以去查看该项目实现并与上述方式比较。

7.1.2 录制音频

了解了如何播放已存在的音频资源，下面将介绍如何录制音频资源。录制音频资源最方便的方式就是使用 MediaRecorder 类，通过设置录制音频来源（通常是设备默认的麦克风）就能方便地录制语音，具体包括如下步骤。

（1）新建一个 android.media.MediaRecorder 实例。

（2）用 MediaRecorder.setAudioSource()方法设置音频资源，可能使用到 MediaRecorder.AudioSource.MIC。

（3）用 MediaRecorder.setOutputFormat()方法设置输出文件格式。

（4）用 MediaRecorder.setAudioEncoder()方法设置音频编码。

（5）用 setOutputFile()方法设置输出的音频文件。

（6）用 prepare()和 start()方法开始录制音频，通过 stop()和 release()方法完成一段音频的录制。

下面给出一段完整的代码示例：

```java
/* 实例化 MediaRecorder 对象 */
recorder = new MediaRecorder();
/* 设置麦克风 */
recorder.setAudioSource(MediaRecorder.AudioSource.MIC);
/* 设置输出文件的格式 */
recorder.setOutputFormat(MediaRecorder.OutputFormat.DEFAULT);
/* 设置音频文件的编码 */
recorder.setAudioEncoder(MediaRecorder.AudioEncoder.DEFAULT);
/* 设置输出文件的路径 */
recorder.setOutputFile(mRecAudioFile.getAbsolutePath());
/* 准备 */
recorder.prepare();
/* 开始 */
recorder.start();
/* 停止录音 */
recorder.stop();
/* 释放 MediaRecorder */
recorder.release();
```

另外，由于录制音频需要使用麦克风，因此需要在 AndroidManifest.xml 声明使用麦克风的权限：

```xml
<uses-permission android:name="android.permission.RECORD_AUDIO"></uses-permission>
```

完整的录制音频示例项目名称为 AudioRecordDemo。

7.2 视频

Android 原生系统所支持解码的视频编码格式有：H.263（后缀为.3gp 和.mp4）、H.264 AVC（3.0+版本，后缀为.3gp 和.mp4 等）、MPEG-4 SP（后缀为.3gp）和 VP8（2.3.3+版本，后缀为.webm）。其中，H.263 和 H.264 是 Android 支持的编码格式。有了音频播放和录制的基础，再来学习对视频的播放及录制就比较容易了，它们的实现方式非常相似，不同点是，音频本身并不会表现为用户界面，而视频则需要成为用户界面的一部分，视频播放只要使用 VideoView 类就可以实现，而视频录制也是借助于 MediaRecorder 类，不同之处是此处的数据来源由麦克风变为摄像头，另外再将输出格式及编码方式做相应修改即可。当然，为了实现有实用性的视频录制功能，还需要增加一个用于显示实时录制图像的视图。

7.2.1 播放视频

使用 VideoView 播放视频的代码如下,还包括了使用系统提供的播放控制器 MediaController 与 VideoView 进行绑定,从而控制视频的播放/暂停、快进/快退的简单操作。

```
Context context = getApplicationContext();
VideoView mVideoView = new VideoView(context);
mVideoView = (VideoView) findViewById(R.id.surface_view);
mVideoView.setVideoURI(Uri.parse(path));
MediaController mc = new MediaController(this);
mc.setAnchorView(mVideoView);
mVideoView.setMediaController(mc);
mVideoView.requestFocus();
mVideoView.start();
```

完整的视频播放示例项目名称为 VideoPlayDemo。

7.2.2 录制视频

如前文所述,录制视频的基本实现与录制音频的方式相似,但是由于需要提供一个实时观察录制区域的显示,因此本节将对这一部分的实现进行介绍。示例项目名称为 VideoRecordDemo。

为了实现对摄像头捕获图像的预览,项目中实现了一个 Preview 类,该类继承自 SurfaceView 并实现了 SurfaceHolder.Callback 接口。SurfaceView 可以理解为可嵌入到界面布局中的一块用于图像绘制的区域,这种 View 通常用于摄像头预览、游戏界面、三维绘图等。VideoView 就是 SurfaceView 的一个子类。每个 SurfaceView 都有一个与之绑定的 SurfaceHolder 类对象,用于控制 SurfaceView 的一些属性,可以通过 SurfaceView 的 getHolder()方法获取到 SurfaceHolder 实例。SurfaceHolder. Callback 接口则提供了用于在 SurfaceView 上创建、更改和被销毁时所调用的回调方法,通过实现这个接口来进行 SurfaceView 的初始化、更新及销毁的工作。

Preview 类主要实现了 SurfaceHolder.Callback 接口的 3 个回调方法,并且加入了用于监听开始录制和停止录制的按键事件方法,以及用于控制视频开始录制和停止录制的方法。Preview 类的部分关键代码如下。

```
public class Preview extends SurfaceView implements SurfaceHolder.Callback{
    private SurfaceHolder holder = null;
```

```java
private static boolean isRecording = false;
private File mRecVideoFile;              //录制的视频文件名及存放路径
private File mRecVideoPath;
private MediaRecorder mMediaRecorder;    //MediaRecorder 对象
/* 录制视频文件名的前缀 */
private String strTempFile = "A_VideoRecordTest_";
public Preview(Context context) {
   super(context);
   holder = this.getHolder();              //获取 SurfaceHolder 对象
   holder.addCallback(this);               //添加回调接口
   holder.setType(SurfaceHolder.SURFACE_TYPE_PUSH_BUFFERS);
   //设置缓冲类型
   holder.setFixedSize(400, 300);          //设置视图大小
}
public void surfaceChanged(SurfaceHolder holder, int format, int width, int height) {
}
public void surfaceCreated(SurfaceHolder holder) {
   if(mMediaRecorder==null){
     /* 创建视频文件 */
    mRecVideoFile = new File("/mnt/sdcard/VideoRecordTempFile.3gp");
     /* 实例化 MediaRecorder 对象 */
     mMediaRecorder = new MediaRecorder();
     /* 设置相机 */
     mMediaRecorder.setVideoSource(MediaRecorder.VideoSource.CAMERA);
     mMediaRecorder.setAudioSource(MediaRecorder.AudioSource.MIC);
     /* 设置输出文件的格式 */
    mMediaRecorder.setOutputFormat(MediaRecorder.OutputFormat.THREE_GPP);
     /* 设置视频文件的编码 */
     mMediaRecorder.setAudioEncoder(MediaRecorder.AudioEncoder.AMR_NB);
     mMediaRecorder.setVideoEncoder(MediaRecorder.VideoEncoder.H263);
     /* 设置输出文件的路径 */
     mMediaRecorder.setOutputFile(mRecVideoFile.getAbsolutePath());
     /* 设置用于显示实时图像的视图*/
     mMediaRecorder.setPreviewDisplay(holder.getSurface());
     try {
        mMediaRecorder.prepare();
     }
     catch (IllegalStateException e) {
        e.printStackTrace();
     }
```

```java
        catch (IOException e) {
            e.printStackTrace();
        }
    }
}
public void surfaceDestroyed(SurfaceHolder holder) {
    Log.i(TAG, "surfaceDestroyed");
    mMediaRecorder.stop();
    mMediaRecorder.release();
}
public boolean onKeyDown(int keyCode, KeyEvent event) {
    switch(keyCode) {
        case KeyEvent.KEYCODE_DPAD_CENTER:{          //方向导航键中的键
            if(mMediaRecorder !=null){
                if(isRecording){
                    finishRecordVideo();
                    isRecording = false;
                }
                else{
                    startRecordVideo();
                    isRecording = true;
                }
            }
            break;
        }
        case KeyEvent.KEYCODE_BACK:{
            System.exit(0);
        }
    }
    return super.onKeyDown(keyCode, event);
}
public void startRecordVideo(){
    try{
        /* 创建视频文件 */
        mRecVideoFile = File.createTempFile(strTempFile, ".3gp", mRec
        VideoPath);
        /* 设置输出文件的路径 */
        mMediaRecorder.setOutputFile(mRecVideoFile.getAbsolutePath());
        mMediaRecorder.setPreviewDisplay(holder.getSurface());
        mMediaRecorder.prepare();              //准备
        mMediaRecorder.start();                //开始
    }
    catch (IOException e) {
        e.printStackTrace();
```

```
        }
    }
    public void finishRecordVideo(){
        if (mRecVideoFile != null) {
            mMediaRecorder.stop();                //停止录像
            mMediaRecorder.release();             //释放 MediaRecorder
        }
    }
}
```

实现了 Preview 之后，仅需要在主 Activity 中使用 setContentView()方法，将视图设置为 Preview 的实例即可。另外，为了实现按键监听，还需要重写 onKeyDown()方法，将按键按下事件交给 Preview 处理。

7.3 使用 Path 类绘制二维图形

本节将介绍如何绘制简单的二维图形。Android 提供了 Path 类用于绘制二维图形。Path 类简单来说就是封装了一系列由线段（方形、多边形等）、二次曲线（圆、椭圆等）和三次曲线复合而成的几何轨迹集合的类，借助于 Canvas 的 drawPath(path, paint)方法，可以将这些轨迹集合绘制出来，这里面另外一个 paint 参数则用于设置画笔风格。例如，当使用此方法绘制一个圆时，若 paint 的风格为 filled，则会绘制一个实心圆，若风格为 stroked，则会绘制一个空心圆，还可以使用 paint 在 path 中加入文字。

Path 类提供了很多绘制基本图形的方法，例如：

- addArc()：用于绘制一段圆弧。
- addCircle()：用于绘制圆形。
- addOval()：用于绘制椭圆。
- addPath()：用于绘制一组轨迹。
- addRect()：用于绘制矩形。
- addRoundRect()：用于绘制圆角矩形。

可以使用这些提供好的方法为基础通过组合绘制出各种图形。另外，Path 类还提供了一些直接操作元线段的方法，如 moveTo()、lineTo()等。下面通过示例来说明如何使用 Path，配合 Canvas、Paint 等类绘制出直线段和正圆，并实现通过触摸屏幕绘制一系列的点。示例项目名称为 PathDraw，项目运行的效果如图 7-1、图 7-2 和图 7-3 所示。

多媒体开发 第7章

图 7-1 初始界面　　　　　　　　图 7-2 画出直线和圆

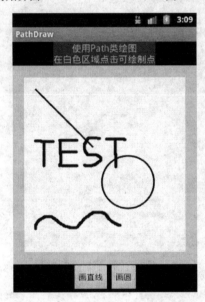

图 7-3 通过单击画曲线

为了实现能够在一块特定的区域内进行绘图，项目首先实现了一个用于绘制图像的视图类 PathView，该类实现了：用于向 Path 中添加一条线段的方法 drawLine()；用于添加一个圆形的方法 drawCircle()；用于绘制 Path 的方法 showPath()，该方法在重写的父类方法 onDraw()中调用；用于向 Path 中添加点的方法 drawPoint()；还通过重写 onTouchEvent()方法实现了对触摸（单击）事件的响应，从而可以通过触摸单击来绘制一系列的点。PathView 的代码如下。

```java
public class PathView extends View {        //创建 Paint 对象，设置抗锯齿
    private Paint mPaint = new Paint(Paint.ANTI_ALIAS_FLAG);
```

```java
    private Path mPath;                              //声明Path类对象
    private boolean mCurDown;                        //指示屏幕是否被按下(单击)
    private int mCurX;                               //被单击点的坐标
    private int mCurY;
    private final Rect mRect = new Rect();
//创建矩形,该矩形用于控制局部更新区域
    public PathView(Context context, AttributeSet attrs) {
      super(context, attrs);
      setFocusable(true);                            //设置视图可获得焦点
      setFocusableInTouchMode(true);                 //设置视图可获取触摸事件
      mPaint.setStyle(Paint.Style.STROKE);
      //绘制成线,另外一种style-FILL,即充满
      mPaint.setStrokeWidth(3);                      //设置绘制线宽
      mPath = new Path();                            //创建Path实例
    }
    public void drawLine(){                          //向Path中添加一条线段供绘制
      mPath.moveTo(20, 20);
      mPath.lineTo(120, 1200);
      invalidate();                                  //立即更新视图
    }
    public void drawCircle(){                        //向Path中添加一个圆形供绘制
      mPath.addCircle(180, 180, 45, Path.Direction.CCW);
      invalidate();
    }
    private void showPath(Canvas canvas, int x, int y, Path.FillType ft,
Paint paint) {
      canvas.translate(x, y);
      canvas.clipRect(0, 0, 280, 300);               //可以绘制图形的区域
      canvas.drawColor(Color.WHITE);                 //为该区域着色
      mPath.setFillType(ft);                         //设置fill方式
      canvas.drawPath(mPath, paint);                 //绘制Path
    }
    @Override protected void onDraw(Canvas canvas) {
Paint paint = mPaint;
      canvas.drawColor(0xFFCCCCCC);                  //为Canvas着色
      canvas.translate(20, 20);                      //Canvas向左下方向偏移(20,20)
      paint.setAntiAlias(true);                      //抗锯齿
      paint.setColor(Color.BLACK);                   //设置画笔颜色
      paint.setPathEffect(null);                     //不采用特效
      //绘制Path,使用并集的fill方式
      showPath(canvas, 0, 0, Path.FillType.WINDING, paint);
    }
    @Override public boolean onTouchEvent(MotionEvent event) {
      int action = event.getAction();                //获取事件类型
```

```
    //判断是否为触摸按下事件
  mCurDown=action==MotionEvent.ACTION_DOWN||action==MotionEvent.
  ACTION_MOVE;
    int N = event.getHistorySize();      //获取历史被触摸点集合的元素个数
    for (int i=0; i<N; i++) {             //依次添加历史被触摸点
        drawPoint(event.getHistoricalX(i), event.getHistoricalY(i));
    }
    drawPoint(event.getX(), event.getY());        //添加当前被触摸的点
    return true;
}
private void drawPoint(float x, float y) {
    //坐标映射,由于Canvas向左下偏移了(20,20),这里做出补偿
    mCurX = (int)x - 20;
    mCurY = (int)y - 20;
    if (mCurDown) {                       //添加当前被触摸点并刷新视图显示
        mPath.addCircle(mCurX, mCurY, 1, Path.Direction.CCW);
        mRect.set((int)x-3, (int)y-3, (int)x+3, (int)y+3);
        invalidate(mRect);                //只更新矩形区域
    }
}
}
```

实现了 PathView 类之后,由于本例中还需要在 Activity 中添加一些其他 UI 控件,所以不能简单地像 Preview 一样通过 setContentView()方法直接设置为 PathView,而是需要在 XML 文件中将 PathView 作为一个控件元素使用,使之成为界面组成的一部分。如何将自己实现的 View 类加入到布局文件中呢?通过观察示例的 main.xml 文件就知道了。代码如下。

```xml
<LinearLayout xmlns:android="http://schemas.android.com/apk/res/android"
              android:orientation="vertical"
android:layout_width="fill_parent"
              android:layout_height="fill_parent">
  <LinearLayout android:orientation="horizontal"
              android:layout_width="wrap_content"
              android:layout_height="wrap_content"
              android:layout_gravity="center">
      <TextView android:id="@+id/textview"
              android:layout_width="fill_parent"
              android:layout_height="fill_parent"
              android:text="使用 Path 类绘图\n 在白色区域单击可绘制点"
              android:textSize="16sp" android:background="#222222"
              android:gravity="center_horizontal" />
  </LinearLayout>
```

```xml
<FrameLayout android:layout_width="fill_parent"
        android:layout_height="wrap_content"
        android:layout_weight="1">
    <com.android.example.pathdraw.PathView
        android:id="@+id/pathdrawview"
        android:layout_width="fill_parent"
        android:layout_height="fill_parent" />
</FrameLayout>
<LinearLayout android:orientation="horizontal"
        android:layout_width="wrap_content"
        android:layout_height="wrap_content"
        android:layout_gravity="center">
    <Button android:layout_width="wrap_content"
        android:layout_height="wrap_content"
        android:text="画直线" android:id="@+id/button1" />
    <Button android:layout_width="wrap_content"
        android:layout_height="wrap_content"
        android:text="画圆" android:id="@+id/button2" />
</LinearLayout>
</LinearLayout>
```

如代码所示，要在 XML 文件中使用自己实现的 View 类需要通过使用完整的包名和类名来进行引用，如本例中的 com.android.example.pathdraw.PathView，由于是继承自 View 类，因此其他的基本属性都一样，然后将 PathView 嵌套在上级的 FrameLayout 下作为一个独立的控件，之后就可以在外部添加诸如 TextView 和 Button 控件了。

主 Activity 即 PathDrawActivity 中的代码就非常简洁了，只需要在它的 onCreate()方法中绑定前面完成的布局，并且监听两个按钮的单击事件即可，事件的响应即直接调用 PathDraw 所提供的 drawLine()和 drawCircle()方法就可以了。

7.4 使用 OpenGL ES 绘制三维图形

开放图形库（Open Graphics Library，OpenGL）是一个图形编程接口规范标准，用于生成二维、三维图像。它定义了一种跨编程语言的、跨平台的编程接口规范，这个接口由大约 350 个不同的函数调用组成，用于由简单的图元绘制成复杂的三维图形，其主要用途为计算机辅助设计（Computer Aided Design，CAD）、科学可视化程序、虚拟现实和游戏程序设计等方面。

7.4.1 OpenGL 发展历史

OpenGL 是一种相对新的工业标准，其前身是来自 Silicon Graphics（SGI）公司的 IRIS GL，是用于该公司高端 IRIS 图形工作站的 3D 编程 API。为了实现开放标准，OpenGL 体系评审委员会（Architecture Review Board，ARB）诞生了。

1992 年 7 月 1 日引进了 OpenGL 规范的 1.0 版。

1995 年 OpenGL 1.1 版面市，加入了新功能（包括颜色、色彩指数、纹理坐标等），并引入了新的纹理特性等。

2003 年 7 月 28 日，SGI 和 ARB 公布了 OpenGL 1.5，其中包括 OpenGL ARB 的正式扩展规格绘制语言"OpenGL Shading Language"，增加了顶点 BufferObject、Shadow 功能、隐蔽查询、非乘方纹理等。

2004 年 8 月，OpenGL 2.0 版本由 3Dlabs 发布。OpenGL 2.0 支持 OpenGL Shading Language、新的 Shader 扩展特性以及其他多项增强特性。

2008 年，Khronos 工作组推出 OpenGL 3，增加了新版本的 Shader 语言、OpenGL 着色语言 GLSL 1.30，可以充分发挥当前可编程图形硬件的潜能，还引入了一些新的功能，包括顶点矩阵对象、全帧缓存对象功能、32 位浮点纹理和渲染缓存、基于阻塞队列的条件渲染、紧凑行半浮点顶点和像素数据、四个新压缩机制等。

2009 年 3 月，公布了升级版新规范 OpenGL3.1，OpenGL 着色语言"GLSL"从 1.30 版升级到 1.40 版，通过该程序增强了对最新可编程图形硬件的访问，还有更高效的顶点处理、扩展的纹理功能、更弹性的缓冲管理等等。

2009 年 8 月，Khronos 小组发布了 OpenGL 3.2。OpenGL 3.2 版本提升了性能表现、改进了视觉质量、提高了几何图形处理速度，而且使 Direct3D 程序更容易移植为 OpenGL。

2010 年 3 月 10 日，OpenGL 同时推出了 3.3 和 4.0 版本，同年 7 月 26 日又发布了 4.1 版本，即 OpenGL 提高了视觉密集型应用 OpenGLTM 的互操作性，并继续加速计算剖面为核心的支持和兼容性。截止 2012 年 8 月 7 日，Khronos Group 公布了最新的 OpenGL 4.3 规范。

7.4.2 OpenGL ES 简介

OpenGL ES（OpenGL for Embedded System）是 OpenGL 三维图形 API 的子

集,是针对手机、PDA和游戏主机等嵌入式设备而设计的。其API由Khronos集团定义、推广。该程序从OpenGL裁剪而来,去除了glBegin/glEnd、四边形(GL_QUADS)、多边形(GL_POLYGONS)等复杂图元等许多非绝对必要的特性。到目前为止,OpenGL ES已发表了3个规格:OpenGL ES1.0、OpenGL ES 1.1和OpenGL ES2.0。其中,OpenGL ES 1.0和OpenGL ES 1.1采用固定功能管线和分别来源于OpenGL 1.3、OpenGL 1.5的规格。OpenGL ES 2.0规格实现了一个可编程图形管道,并从OpenGL 2.0规格衍生而成。

7.4.3 Android OpenGL ES

而用于Android系统上的是OpenGL的嵌入式版本,即OpenGL ES(OpenGL for Embeded System),它是OpenGL用于嵌入式系统的API库,是OpenGL三维图形API的子集,是专门针对手机、PDA和游戏主机等嵌入式设备而设计的用于图形处理的方案。可以认为,OpenGL ES是由OpenGL裁剪定制而来,去除了复杂图元等许多非绝对必要的特性。从OpenGL ES和OpenGL版本的联系上来看,OpenGL ES 1.0是以OpenGL 1.3规范为基础的,OpenGL ES 1.1以OpenGL 1.5规范为基础,而OpenGL ES 2.0则是参照OpenGL 2.0规范定义的。

Android系统通过OpenGL ES API来提供对高性能三维图形的支持。Android三维图形系统分为两部分,即Java框架和本地代码部分。本地代码主要是实现OpenGL接口的库,而在Java框架层中,javax.microedition.khronos.opengles是Java标准的OpenGL包,android.opengl包提供了OpenGL系统与Android GUI系统之间的联系。Android OpenGL编程所用到的API都被包含在android.opengl包中。

7.4.4 示例

下面讲解如何在Android应用程序中显示由opengl所生成的图像。要在应用程序中显示OpenGL图像,需要使用一个继承于SurfaceView的视图类——GLSurfaceView,类似于前面介绍的SurfaceView,它是专用于显示OpenGL的视图类。使用GLSurfaceView的最简便的方式是通过如下类似的几行代码:

```
GLSurfaceView view = new GLSurfaceView(this);
view.setRenderer(new OpenGLRenderer());
setContentView(view);
```

其中,第1行和第3行的意义非常明显,第2行的setRenderer()方法是关键,Renderer就是用于具体绘制图形的类,而setRenderer()方法就相当于为已经准备好的图纸设置需要绘制的具体内容。要实现一个 Renderer 就需要实现这个 Renderer 接口，接口包括了 3 个需要实现的方法。

① onDrawFrame(GL10 gl)：用于绘制一帧图像，由系统按周期调用，绘图的逻辑主要都放在这个方法内。

② onSurfaceChanged(GL10 gl, int width, int height)：当绘图区域发生改变时会调用此方法，常见如屏幕方向发生改变时就会调用此方法。

③ onSurfaceCreated(GL10 gl, EGLConfig config)：当绘图区域初次创建或重新创建时此方法会被调用，常用于初始化的操作，或者是 Activity 重新到最上方显示时需要重建时。

虽然 OpenGL 主要用于绘制三维图像，但是为了清晰地说明 OpenGL 的用法，下面首先介绍如何使用 OpenGL 绘制一个二维的简单图形——矩形。如前所述，要实现一个特定的形状，可以通过实现 Renderer 接口来实现用于绘制矩形的 Renderer，此处设定类名为 OpenGLRenderer（示例项目 TestOpenGL_ES），可以在该类的 onDraw() 方法中加入绘制矩形的代码逻辑，来实现绘制矩形的目的。为了让代码结构变得清晰，把绘制矩形的逻辑放到一个单独的类 Square 下，从中实现一个 draw() 方法，供 OpenGLRenderer 调用来绘制矩形。

要绘制矩形，首先需要在坐标系中确定矩形的 4 个顶点，由于 OpenGL 中的图形是由一个个面组成的，而这些面都可以拆分为三角形，因此需要将顶点按序列进行组合，需要形成面的就在序列数组中进行指定。例如，本例中的顶点数组为：

```
// 顶点数组
private float vertices[] = {
        -1.0f,  1.0f, 0.0f,   // 0, 左上点
        -1.0f, -1.0f, 0.0f,   // 1, 左下点
         1.0f, -1.0f, 0.0f,   // 2, 右下点
         1.0f,  1.0f, 0.0f,   // 3, 右上点
};
```

由于需要形成的是一个平面矩形，因此只需要在序列中将顶点形成两个三角面即可，本例的序列数组如下：

```
// 用于连接顶点组成面的序列，每三个一组
private short[] indices = { 0, 1, 2, 0, 2, 3 };
```

通过上面两个数组就建立了两个面，组成了需要的矩形，即由(0,1,2)三个顶点组成左下方的三角形和由(0,2,3)三个顶点组成右上方的三角形，两个三角形拼

接便成矩形。还需要为定点数组和序列数组分配所必须的缓存大小，需要根据数组的数据类型进行分配：

```
// 顶点为浮点型，占4字节，所以乘以4
ByteBuffer vbb = ByteBuffer.allocateDirect(vertices.length * 4);
vbb.order(ByteOrder.nativeOrder());
vertexBuffer = vbb.asFloatBuffer();
vertexBuffer.put(vertices);
vertexBuffer.position(0);
// 序列用短整型保存，短整型占2字节，所以乘以2
ByteBuffer ibb = ByteBuffer.allocateDirect(indices.length * 2);
ibb.order(ByteOrder.nativeOrder());
indexBuffer = ibb.asShortBuffer();
indexBuffer.put(indices);
indexBuffer.position(0);
```

准备好了顶点、面、缓存空间后，就可以使用OpenGL的方法来使用这些数据进行作图了。绘制矩形的代码主要都包含在Square类的draw()方法下。另外，在OpenGLRenderer的onDrawFrame()方法下还有对绘图特性的一些设置，如清屏操作、对坐标进行转换。具体代码如下，注释中有详细的说明。注释中的一些图形相关的术语，读者可以自行查阅进行了解，文中就不再对其进行解释。

```
public void draw(GL10 gl) {
    // 逆时针方向组合顶点
    gl.glFrontFace(GL10.GL_CCW);
    // 使能面淘汰机制
    gl.glEnable(GL10.GL_CULL_FACE);
    // 设定面淘汰机制
    gl.glCullFace(GL10.GL_BACK);
    // 使能顶点缓存
    gl.glEnableClientState(GL10.GL_VERTEX_ARRAY);
    // 指定顶点缓存的位置以及顶点坐标数据的类型
    gl.glVertexPointer(3, GL10.GL_FLOAT, 0, vertexBuffer);
    // 指定序列缓存的位置以及序列数据的类型
    gl.glDrawElements(GL10.GL_TRIANGLES, indices.length,
                GL10.GL_UNSIGNED_SHORT, indexBuffer);
    // 清除顶点缓存
    gl.glDisableClientState(GL10.GL_VERTEX_ARRAY);
    // 停止面淘汰机制
    gl.glDisable(GL10.GL_CULL_FACE);
}
public void onDrawFrame(GL10 gl) {
    // 清屏并清除深度缓存
```

```
gl.glClear(GL10.GL_COLOR_BUFFER_BIT | GL10.GL_DEPTH_BUFFER_BIT);
// 重新载入绘图矩阵
gl.glLoadIdentity();
// 使用向量（0,0,-5）平移图像，使绘制结果便于观察（形成边界效果）
gl.glTranslatef(0, 0, - 5);
//图形变换逻辑
if(flag) {
  move--;
}
if(!flag) {
  move++;
}
gl.glScalef(0.01f * move, 0.01f * move, 0.01f * move);
if(move == 0){
  flag = false;
}
if(move == 100) {
  flag = true;
}
// 绘制矩形
square.draw(gl);
}
```

上述 onDrawFrame()方法中可以看到几行对于 flag 和 move 变量的赋值操作，它们就是用于对矩形进行位置变换的代码，可以使得每帧图像都做出变换，从而得到类似于动画的效果。程序运行的效果如图 7-4、图 7-5 和图 7-6 所示。截图所出现的锯齿现象在实际运行中肉眼是不会察觉的。

图 7-4　状态 1　　　　　　　　　图 7-5　状态 2

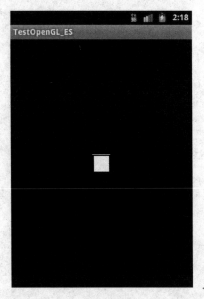

图 7-6 状态 3

学习了前面的示例，了解了如何使用 OpenGL 绘制图像的原理，再来学习绘制三维图形就十分容易了，本书提供了一个用于绘制渐变色的立方体的示例，名称为 TestOpenGL_ES I。该项目的结构与前面的 TestOpenGL_ES 项目一样，由一个带有绘制立方体逻辑的 Cube 类、一个用于绘制立方体的 CubeRenderer 类以及主 Activity 类即 TestOpenGL_ESActivity 构成。代码就不再列出，读者可以自行查阅其代码，运行效果如图 7-7、图 7-8 和图 7-9 所示。

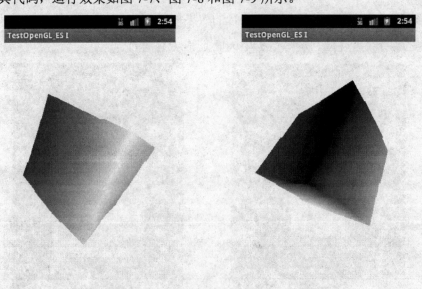

图 7-7 状态 1　　　　　　　　　　图 7-8 状态 2

图 7-9 状态 3

课后习题

1．为音频播放器增加文件列表，可以向列表中添加歌曲，并且通过单击选择播放音乐。

2．为音频播放器增加播放时间显示，支持定位播放。

3．修改 7.3 节的示例，使得程序中可以通过单击绘图区域绘制直线和圆。

4．修改 7.3 节的示例，使得绘制的图形可以选择其他颜色。

5．修改 7.4 节的示例，使立方体不再自主旋转，而是通过触摸屏幕旋转立方体。

6．实现一个完整的音乐播放软件。在以上音频播放器的基础上添加音量控制，实现音乐的顺序播放和随机播放的操作，并实现音乐的后台播放功能。

7.5 本章小结

本章学习了如何在 Android 程序中进行多媒体开发，包括实现音频和视频的播放和录制，以及如何绘制二维和三维图形。有了这些元素，应用程序将变得更加丰富。

第 8 章
Android 网络通信

8.1 引言

当今世界是一个网络化信息化的世界,可以说人们每天都离不开网络。尤其是在移动通信设备如此普及的今天,无线网络通信的发展极为迅速,人们每天使用的短信、电话以及无线上网就是无线网络通信最基本的应用。可以毫不夸张地说,一台不支持无线网络连接的移动设备无异于一台没有电视信号的电视机一样毫无价值。有了无线网络的支持,移动设备就可以不受空间的限制,从而达到真正的移动即自由,可以随时随地地接入互联网,浏览互联网上的最新资讯,与亲朋好友取得联系或者分析当前的股市进行投资。Android 作为一种优异的移动设备操作系统,提供了对网络通信的良好支持,作为开发人员,需要掌握它的网络通信开发技巧,以便开发出实用方便的网络应用。

8.2 Android 网络通信基础

Android 网络通信的基础主要包括 Android 支持的网络通信模式及其提供的网络接口两部分。

8.2.1 Android 支持的网络通信模式

移动设备的网络功能的支持当然离不开硬件模块的支持,但是 Android 已经做好了为上层应用提供服务的中间件,只要移动设备生产厂商按照 Android 系统的要求提供所需的硬件支持,Android 就能够使用这些硬件通信设备。Android 目前所支持的网络通信模式包括 GSM、EDGE、3G、WiFi、Bluetooth、近场通信(Near Field Communication)等。

1. GSM

全球移动通信系统(Global System for Mobile Communications,GSM),是当前应用最为广泛的移动电话标准。全球超过 200 个国家和地区超过 10 亿人正在使

用 GSM 电话。GSM 标准的广泛使用使得在移动电话运营商之间签署"漫游协定"后用户的国际漫游变得很平常。GSM 较之它以前的标准最大的不同是它的信令和语音信道都是数字的，因此 GSM 被看成是第二代（2G）移动电话系统。当前 GSM 标准由 3GPP 组织负责制定和维护。

2. EDGE

GSM 增强数据率演进（Enhanced Data rates for GSM Evolution，EDGE）是一种数字移动电话技术，作为 2G 和 2.5G（GPRS）的延伸，有时被称为 2.75G，用于 TDMA 和 GSM 网络中。EDGE（通常又称为 EGPRS）是 GPRS 的扩展，可以工作在任何已经部署 GPRS 的网络上。

3. 3G

3G 一般称为第三代移动通信技术（3rd-Generation，3G），即 IMT-2000（International Mobile Telecommunications-2000），是指支持高速数据传输的蜂窝移动通信技术。3G 服务能够同时传送声音（通话）及数据信息（电子邮件、即时通信等）。3G 的代表特征是提供高速数据业务，速率一般在几百 kbps 以上。

3G 规范是由国际电信联盟（ITU）所制定的 IMT-2000 规范的最终发展结果。制定 3G 的愿景是能够以此规范达到全球通信系统的标准化。目前 3G 存在 4 种标准：CDMA2000，WCDMA，TD-SCDMA，WiMAX。

4. WiFi

WiFi 是由一个名为"无线以太网兼容联盟"（Wireless Ethernet Compatibility Alliance，WECA）的组织所发布的业界术语，中文译为"无线兼容认证"。它是一种短程无线传输技术，能够在几十米范围内支持互联网接入的无线电信号。随着技术的发展，以及 IEEE 802.11a 和 IEEE 802.11g 等标准的出现，IEEE 802.11 标准已被统称为 WiFi。

5. Bluetooth

蓝牙（Bluetooth）是一种无线个人局域网（Wireless PAN），最初由爱立信创制，后来由蓝牙技术联盟订定技术标准。据说为了强调此技术及应用尚在萌芽阶段的意义，故将 Bluetooth 中文译名为较文雅的"蓝芽"，并在我国台湾地区进行商业注册。在 2006 年，蓝牙技术联盟组织已将全球中文译名统一，直译为"蓝牙"。

6. Near Field Communication（近场通信）

近场通信（Near Field Communication，NFC），又称为近距离无线通信，是一种短距离的高频无线通信技术，允许电子设备之间进行非接触式点对点数据传输，在 10cm（3.9 英寸）内交换数据。

这个技术由免接触式射频识别（RFID）演变而来，由 Philips 和 Sony 共同研制开发，其基础是 RFID 和互连技术。近场通信是一种短距高频的无线电技术，在 13.56MHz 频率运行于 20 厘米距离内，其传输速率有 106kbps、212kbps 或 424kbps 三种。目前，近场通信已通过成为 ISO/IEC IS 18092 国际标准、EMCA-340 标准和 ETSI TS 102 190 标准。近场通信采用主动和被动两种读取模式。

8.2.2　Android 提供的网络接口

Android 平台提供了 3 种网络接口：java.net.*、org.apache.*和 android.net.*。开发人员可以使用这些接口方便地进行 Android 网络编程。

8.3　使用 HttpClient 和 HttpURLConnection 接口

在网络应用中，通过访问 URL 来获取 Web 页面是最常见的获取信息方式。为此，Android 提供了 HttpClient 和 HttpURLConnection 接口来开发 HTTP 程序。

8.3.1　HTTP 简介

HTTP（HyperText Transfer Protocol）即超文本传输协议，它是 Web 的基础协议，是建立在 TCP 上的一种应用。HTTP 连接最显著的特点就是客户端发送的每次请求都需要服务器返回响应，并在请求结束后释放连接，这个建立连接到关闭连接的过程称为"一次连接"。由于 HTTP 在每次请求结束后都会主动释放连接，因此 HTTP 连接是一种"短连接"、"无状态"的连接，在 HTTP 1.0 时期，要保持客户端程序的在线状态，需要不断地向服务器发起连接请求。通常的做法是即使不需要请求任何数据，客户端也保持每隔一段固定的时间向服务器发送一次"保持连接"的请求，服务器在收到该请求后对客户端进行回复，表明知道客户端"在线"。若服务器长时间无法收到客户端的请求，则认为客户端"下线"，若客户端长时间无法收到服务器的回复，则认为网络已经断开。HTTP 1.1 版本增加了持久连接支持，即将关闭连接的主动权交给客户端，只要客户端没有请求关闭连接，就可以持续向服务器发送 HTTP 请求。HTTP 1.1 除了支持

持久连接外,还将 HTTP 1.0 的请求方法从原来的 3 个(GET、POST 和 HEAD)扩展到了 8 个(OPTIONS、GET、HEAD、POST、PUT、DELETE、TRACE 和 CONNECT),同时增加了很多请求和响应字段,如持久连接的字段 Connection。这个字段有两个值:Close 和 Keep-Alive。如果使用 Connection:Close,则关闭 HTTP 1.1 的持久连接的功能,若要打开 HTTP 1.1 的持久连接的功能,必须将字段设置为 Connection:Keep- Alive,或者不加 Connection 字段(因为 HTTP1.1 在默认情况下就是持久连接的)。HTTP 1.1 还提供了身份认证、状态管理和缓存(Cache)等相关的请求头和响应头。总之,HTTP 主要有如下特点:

① 支持客户机-服务器模式。

② 简单快速:客户向服务器请求服务时,只需传送请求方法和路径。常用的请求方法有 GET、POST。每种方法规定了客户与服务器联系的类型不同。由于 HTTP 协议简单,使得 HTTP 服务器的程序规模小,因而通信速度很快。

③ 灵活:HTTP 允许传输任意类型的数据对象,正在传输的类型由 Content-Type 加以标记。

④ 无状态:HTTP 是无状态协议。无状态是指协议对于事务处理没有记忆能力。缺少状态意味着如果后续处理需要前面的信息,则它必须重传,这样可能导致每次连接传送的数据量增大。另外,在服务器不需要先前信息时它的应答就较快。

8.3.2 使用 HttpClient 接口通信示例

HTTP 请求数据通常使用 GET 和 POST 向服务器提交表单而获取响应的方式获得数据,表单提交的 GET 和 POST 方法都可以向服务器请求数据,它们主要有以下区别:

① GET 方法是将参数数据队列附加到 URL 的 ACTION 属性中,值和表单中各字段一一对应,以明文的方式存在于 URL 中。而 POST 方法则是将数值内容放置在 HTML HEADER 内一起传送至 ACTION 属性所指的 URL 地址,这个过程对于用户来说是不可见的。

② 对于 GET 方法,服务器端采用 Request.QueryString 获取变量的值,而对于 POST 方法,服务器端采用 Request.Form 获取提交的数据。

③ 一般来说,GET 方法向服务器传送的数据量较小,不能大于 2KB(URL 长度限制)。而 POST 方法传送的数据量较大,一般认为是不受限制的。但在实际

应用上，IIS4 中最大数据量为 80KB，而 IIS5 中为 100KB。

使用 Apache 提供的 HttpClient 接口可以方便地进行 HTTP 操作，鉴于 GET 方法和 POST 方法的使用有所不同，下面通过示例代码来进行说明，该示例项目的名称为 HttpClientDemo。使用 GET 方法请求数据的代码段如下：

```java
protected void HttpClientGet() {
    //GET请求的url，可以看到url中weather的值为chengdu
    String WeatherUrl = "http://flash.weather.com.cn/wmaps/xml/chengdu.xml";
    //DefaultHttpClient
    DefaultHttpClient defaulthttpclient = new DefaultHttpClient();
    //HttpGet
    HttpGet httpget = new HttpGet(WeatherUrl);
    // ResponseHandler，用于处理服务端返回的响应
    ResponseHandler<String> responseHandler = new BasicResponseHandler();
    try {
        String content = defaulthttpclient.execute(httpget, responseHandler);
        Toast.makeText(getApplicationContext(), "连接成功!",
            Toast.LENGTH_SHORT).show();
        //设置TextView，显示获取的网页内容
        tv.setText(content);
    } catch (Exception e) {
        Toast.makeText(getApplicationContext(), "连接失败", Toast.LENGTH_SHORT)
            .show();
        e.printStackTrace();
    }
    defaulthttpclient.getConnectionManager().shutdown();//关闭连接
}
```

使用 POST 方法请求数据的代码如下：

```java
protected void HttpClientPost()
{
    try
    {
        final String PostUrl = "http://webservice.webxml.com.cn/WebServices/WeatherWS.asmx/getWeather";
        // 定义源地址
        HttpPost httprequest = new HttpPost(PostUrl);
        // 创建一个Http请求
        List postparams = new ArrayList();
        postparams.add(new BasicNameValuePair("theCityCode", "成都"));
        // 添加必须的参数
        postparams.add(new BasicNameValuePair("theUserID", ""));
        httprequest.setEntity(new UrlEncodedFormEntity(postparams,
```

```
    HTTP.UTF_8));
    HttpResponse httpResponse = new DefaultHttpClient().execute
    (httprequest);
    // 发送请求并获取反馈
    // 解析返回的内容
    if (httpResponse.getStatusLine().getStatusCode() != 404)
    {
        String result = EntityUtils.toString(httpResponse.
        getEntity());
        tv.setText(result.toString());
    }
}catch (Exception e) {
}
}
```

使用 HttpClient 接口获取网页内容的程序运行效果如图 8-1、图 8-2 和图 8-3 所示。

图 8-1 初始状态

图 8-2 使用 GET 方法

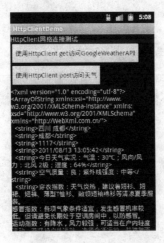
图 8-3 使用 POST 方法

8.3.3 使用 HttpUrlConnection 接口通信示例

HttpURLConnection 继承自 URLConnection。要获取 HttpURLConnection 类的实例，需要使用 openConnection()方法来获取，代码如下：

```
String WeatherUrl = "http://flash.weather.com.cn/wmaps/xml/chengdu.xml";
URL url = new URL(WeatherUrl);
HttpURLConnection httpconnection = (HttpURLConnection) url.openConnection();
```

获取了 HttpURLConnection 实例后，需要使用它的 getInputStream()获取输入流，然后从该输入流中获得数据，读输入流完成后关闭流并断开连接即可。由于 HttpURLConnection 默认使用 GET 方法获取数据，因此不需要在代码中进行说明，在使用 POST 方法时需要使用 setRequestMethod()将访问方法设置为 POST。HttpURLConnection 使用 GET 方法获取数据的代码如下。

```
//使用URLConnection get连接flash.weather.com.cn
protected void HttpGetConncetion() {
    try {
String WeatherUrl = "http://flash.weather.com.cn/wmaps/xml/chengdu.xml";
        // URL
        URL url = new URL(WeatherUrl);
        // 获取HttpURLConnection实例
        HttpURLConnection httpconnection = (HttpURLConnection) url.openConnection();
        if (httpconnection.getResponseCode() == HttpURLConnection.HTTP_OK) {
            Toast.makeText(getApplicationContext(), "连接成功!",
                Toast.LENGTH_SHORT).show();
            // InputStreamReader，用于读取网页内容
            InputStreamReader isr = new InputStreamReader(httpconnection.getInputStream(), "utf-8");
            int i;
            String content = "";
            // 从流中读取数据
            while ((i = isr.read()) != -1) {
                content = content + (char) i;
            }
            System.out.println(content);
            isr.close();
            //设置TextView
```

```
            tv.setText(content);
        }
        //disconnect
        httpconnection.disconnect();
    } catch (Exception e) {
        Toast.makeText(getApplicationContext(),"连接失败",Toast.LENGTH_SHORT)
            .show();
        e.printStackTrace();
    }
}
```

HttpURLConnection 使用 POST 方法请求数据需要改变的主要有两处，一是需要使用 setRequestMethod()方法，二是使用 DataOutputStream 向服务器写入参数值，代码如下。

```
public void HttpPostConnection()
{
    String httpUrl = "http://webservice.webxml.com.cn/WebServices/WeatherWS.asmx/getWeather";
    String resultData="";
    URL url=null;
    try {
        url=new URL(httpUrl);
    } catch (MalformedURLException e) {
        // TODO Auto-generated catch block
        e.printStackTrace();
    }
    if(url!=null)
    {
        try {
            //使用HttpURLConnection打开连接
            HttpURLConnection httpurlconnection=(HttpURLConnection)url.openConnection();
            //因为要求使用Post方式提交数据，需要设置为true
            httpurlconnection.setDoOutput(true);
            httpurlconnection.setDoInput(true);
            //设置以Post方式
            httpurlconnection.setRequestMethod("POST");
            //Post 请求不能使用缓存
            httpurlconnection.setUseCaches(false);
            httpurlconnection.setInstanceFollowRedirects(true);
            httpurlconnection.setRequestProperty("Content-Type",
```

```java
            "application/x-www-form-urlencoded");
        //连接
        httpurlconnection.connect();
        //DataOutputStream上传数据
        DataOutputStream outputstream=new DataOutputStream
          (httpurlconnection.getOutputStream());
        //要上传的参数
        String content = "theCityCode="+ URLEncoder.encode("成都
        ")+"&theUserID="+"";
        outputstream.writeBytes(content);
        //刷新，关闭
        outputstream.flush();
        outputstream.close();
        //得到数据
        InputStreamReader instream=new InputStreamReader
        (httpurlconnection.getInputStream());
        BufferedReader buffer=new BufferedReader(instream);
        String str=null;
        while((str=buffer.readLine())!=null)
        {
            resultData+=str+"\n";
        }
        instream.close();
        httpurlconnection.disconnect();
        {
            tv.setText(resultData);
        }

    } catch (IOException e) {
        // TODO Auto-generated catch block
        e.printStackTrace();
    }
}//if(url!=null)
else
{
    tv.setText("URL null");
}
}
```

使用 HttpURLConnection 请求数据的项目名称为 HttpUrlConnectionDemo，运行效果如图 8-4、图 8-5 和图 8-6 所示。

Android网络通信 第8章

图 8-4　初始状态　　　图 8-5　使用 GET 方法　　　图 8-6　使用 POST 方法

8.4　Android 的 WiFi 开发入门

WiFi 是一种可以将个人计算机、手持设备（如 PDA、手机）等终端以无线方式互相连接的技术。Wi-Fi 是英文无线保真的缩写，英文全称为 wireless fidelity，在无线局域网的范畴是指"无线相容性认证"，实质上是一种商业认证，同时也是一种无线联网的技术，以前通过网线连接计算机，现在则是通过无线电波来联网。生活中比较常见的就是无线路由器，一旦一个无线路由器正常工作，那么在这个无线路由器电波覆盖的有效范围都可以采用 WiFi 连接方式连接到该路由器，如果无线路由器连接了一条 ADSL 线路或者别的上网线路，则又被称为"热点"。

Wi-Fi Direct 允许使用在 Android 4.0（API Level 14）版本以后的设备，使用 Wi-Fi Direct 的硬件可以通过 Wi-Fi 直接相连，而不需要中间访问点。每个都支持 Wi-Fi Direct 的设备，使用相应的 API 就能够发现并连接到另一个对等的设备，它们的通信距离要远远超过蓝牙连接的范围。这有利于用户之间共享应用程序的数据，例如，多人游戏和图片共享的应用程序等。

Wi-Fi Direct 由以下主要部分组成：

（1）.在 WifiP2PManager 类中定义了允许开发者发现、请求、连接彼此对等设备的方法；

（2）监听器可以获取 WifiP2PManager 方法调用的结果。当调用 WifiP2pManager 方法时，每个方法都能够接收一个作为参数传入的特殊监听器；

（3）用于通知开发者 Wi-Fi Direct 框架所检查到的特定事件的 Intent 对象，如删除连接或发现新的设备。

当然，要使用这些类的前提条件是 Android 设备拥有可以使用的 WiFi 无线通信模块，否则使用这些类将会导致抛出异常而造成程序的崩溃，因此在使用的时候应当确保程序的健壮性，在需要使用 WiFi 之前先判断系统是否支持 WiFi，如果不支持，则换用其他方式，如 GPRS、EDGE、蓝牙等方式。不仅对于 WiFi，对于其他所有类似的情况都应当保持这个良好的习惯。

WifiP2PManager 提供了一些使用设备的 Wi-Fi 硬件的方法，这些方法可以用于彼此发现和连接设备的操作，具体如表 8-1 所示。

表 8-1　Wi-Fi Direct 方法

initialize()	把应用程序注册到 Wi-Fi 框架中，它必须在调用任意其他 Wi-Fi Direct 方法之前调用
connect()	使用指定的配置来启动设备之间的对等连接
cancelConnect()	取消任何进行中的对等设备间连接的请求
requestConnectInfo()	请求设备的连接信息
createGroup()	用当前设备作为组管理员来创建一个对等组
removeGroup()	删除当期对等设备组
requestGroupInfo()	请求对等设备组的信息
discoverPeers()	搜索对等设备
requestPeers()	请求当前发现的对等设备列表

WifiP2PManager 类的方法会让你传入一个监听器，以便于 Wi-Fi Direct 框架能够通知 Activity 调用的状态。表 8-2 介绍了可用于监听器接口的 WifiP2PManager 类方法调用。

表 8-2　WifiP2PManager 类调用方法

WifiP2PManager.ActionListener	connect(),cancelConnect(), createGroup(),removeGroup()和 discoverPeers()
WifiP2PManager.ChannelListener	initialize()
WifiP2PManager.ConnectionInfoListener	requestConnectInfo()
WifiP2PManager.GroupInfoListener	requestGroupInfo()
WifiP2PManager.PeerListListener	requestPeers()

Wi-Fi Direct API 还定义了在特定 Wi-Fi Direct 事件发生时，用广播的形式发出的 Intent 对象。例如，在新的对等设备被发现或设备的 Wi-Fi 状态发生改变时。在你的应用程序中，你能够注册去接收 Intent 对象，并通过创建一个广播接收器来处理接收到的 Intent 对象。表 8-3 介绍了 Wi-Fi Direct Intents。

Android 网络通信

表 8-3 Wi-Fi Direct Intents

WIFI_P2P_CONNECTION_CHANGED_ACTION	在设备的 Wi-Fi 连接状态改变时,发出这个广播
WIFI_P2P_PEERS_CHANGED_ACTION	在调用 discoverPeers()时,发出这个广播。如果你要在应用程序中处理这个 Intent, 通常是调用 requestPeers()方法来获取对等设备的更新列表
WIFI_P2P_STATE_CHANGED_ACTION	当启用或禁用设备的 Wi-Fi Direct 功能时,发出这个广播
WIFI_P2P_THIS_DEVICE_CHANGED_ACTION	当设备的细节发生改变时,例如如设备的名称发生改变,则发出这个广播

要使用这些类所提供的方法,请读者详细地阅读 Android 4.2 的 API 文档,上面有详尽的说明。

下面给出代码段,使用上面提到的 API 的方法来实现一些简单的功能。

8.4.1 为 Wi-Fi Direct Intent 创建广播接收器

广播接收器允许接收由 Android 系统产生的 Intent 广播,以便你的应用程序能够响应你感兴趣的事件。创建用于处理 Wi-Fi Direct Intent 接收器的基本步骤如下列代码所示,需要 WifiP2pManager 对象和 Activity 对象作为参数。当广播接收器接收到 Intent 时,就可以使用这两个类执行合适的需求操作:

```java
public class WiFiDirectBroadcastReceiver extends BroadcastReceiver {
    private WifiP2pManager manager;
    private Channel channel;
    private MyWiFiActivity activity;
//此类需要有WifiP2pManager、WifiP2pManager.Channel和Activity类型的参数
//广播接收器把更新发送给Activity以及要访问的wifi硬件和通信通道
    public WiFiDirectBroadcastReceiver(WifiP2pManager manager, Channel channel,
            MyWifiActivity activity) {
        super();
        this.manager = manager;
        this.channel = channel;
        this.activity = activity;
    }
@Override
// 检查你感兴趣的Intent对象
    public void onReceive(Context context, Intent intent) {
        String action = intent.getAction();
        if (WifiP2pManager.WIFI_P2P_STATE_CHANGED_ACTION.equals(action)) {
            //检测Wi-Fi是否可用,并且通知到相应的activity
        } else if
```

```
(WifiP2pManager.WIFI_P2P_PEERS_CHANGED_ACTION.equals(action)) {
            // 调用WifiP2pManager.requestPeers()获取当前发现的对等设备列表
        } else if (WifiP2pManager.WIFI_P2P_CONNECTION_CHANGED_ACTION.
    equals(action)) {
            // 相应新的连接或断开连接
        } else if (WifiP2pManager.WIFI_P2P_THIS_DEVICE_CHANGED_ACTION.
    equals(action)) {
            //相应设备的wifi状态变化
        }
    }
}
```

8.4.2 创建 Wi-Fi Direct 应用

创建 Wi-Fi Direct 应用程序涉及创建和注册广播接收器、发现对等的设备、连接对等设备、把数据传送给对等设备等操作，下面会逐一介绍如何完成这些操作。

在使用 Wi-Fi Direct API 之前，必须确保你的应用程序能够访问硬件，并且该设备需要支持 Wi-Fi Direct 协议。如果支持 Wi-Fi Direct，你就可以获得 WifiP2PManager 实例，然后创建和注册你的广播接收器，可以开始使用 Wi-Fi Direct API。

1. 在 AndroidManifest.xml 中申请 Wi-Fi 硬件的使用权限，并声明要使用的最小 SDK 版本：

```
<uses-sdk android:minSdkVersion="14" />
<uses-permission android:name="android.permission.ACCESS_WIFI_STATE" />
<uses-permission android:name="android.permission.CHANGE_WIFI_STATE" />
<uses-permission android:name="android.permission.CHANGE_NETWORK_STATE" />
<uses-permission android:name="android.permission.INTERNET" />
<uses-permission android:name="android.permission.ACCESS_NETWORK_STATE" />
<uses-permission android:name="android.permission.READ_PHONE_STATE" />
<uses-permission android:name="android.permission.WRITE_EXTERNAL_STORAGE" />
```

2. 检查设备是否支持 Wi-Fi Direct。具体实现方法如下代码所示：

```
//在接收WIFI_P2P_STATE_CHANGED_ACTION类型的Intent广播接收器中，检测Wi-Fi
Direct的使用状态，反馈给Activity
```

Android网络通信

```
public void onReceive(Context context, Intent intent) {
    String action = intent.getAction();
    if (WifiP2pManager.WIFI_P2P_STATE_CHANGED_ACTION.equals(action)) {
      int state = intent.getIntExtra(WifiP2pManager.EXTRA_WIFI_STATE, -1);
      if (state == WifiP2pManager.WIFI_P2P_STATE_ENABLED) {
          // Wifi Direct可以使用
      } else {
          // Wifi Direct is 不能使用
      }
    }
}
```

3. 在onCreate()方法中,创建一个WifiP2pManager实例,具体实现的方法如下代码所示:

```
WifiP2pManager mManager;
Channel mChannel;
BroadcastReceiver mReceiver;
@Override
protected void onCreate(Bundle savedInstanceState){
    // Wifi Direct可以使用
mManager = (WifiP2pManager) getSystemService(Context.WIFI_P2P_SERVICE);
//通过调用initialize()方法,将应用程序注册到Wi-Fi Direct框架中,然后返回一个
WifiP2pManager.Channel的对象,就可以连接到Wi-Fi Direct框架中
    mChannel = mManager.initialize(this, getMainLooper(), null);
    //创建一个带有WifiP2pManager对象、WifiP2pManager.Channel对象和
    Activity参数的广播接收器,便于知晓感兴趣的事件
mReceiver = new WiFiDirectBroadcastReceiver(manager, channel, this);
}
```

4. 创建一个Intent过滤器,并添加广播接收器需要检查的操作:

```
IntentFilter mIntentFilter;
@Override
protected void onCreate(Bundle savedInstanceState){
    mIntentFilter = new IntentFilter();
    mIntentFilter.addAction(WifiP2pManager.WIFI_P2P_STATE_CHANGED_
    ACTION);
    mIntentFilter.addAction(WifiP2pManager.WIFI_P2P_PEERS_CHANGED_
    ACTION);
    mIntentFilter.addAction(WifiP2pManager.WIFI_P2P_CONNECTION_
    CHANGED_ACTION);
    mIntentFilter.addAction(WifiP2pManager.WIFI_P2P_THIS_DEVICE_
    CHANGED_ACTION);
}
```

5. 在 onResume()方法中注册广播接收器,在 onPause()方法中注销它:

```
@Override
protected void onResume() {
    super.onResume();
    registerReceiver(mReceiver, mIntentFilter);
}
//注销广播接收器
@Override
protected void onPause() {
    super.onPause();
    unregisterReceiver(mReceiver);
}
```

当成功获取到了 WifiP2pManager.Channel 对象并建立广播接收器时,该应用程序就能够调用 Wi-Fi Direct 的方法、接收 Wi-Fi Direct 的 Intent 对象了。

接下就开始介绍如何使用发现和连接对等设备等通用的操作。

1. 调用 discoverPeers()方法,就可以在一定的范围内检查到有效的可连接的对等设备。这个功能调用是异步的,可以通过 WifiP2PManager.ActionListener 监听器,用 onSuccess()和 onFailure()方法来反馈成功或失败的结果。值得注意的是,onSuccess()方法只会通知发现处理成功的信息,并不会提供发现的相关实际对等设备的任何信息:

```
manager.discoverPeers(channel, new WifiP2pManager.ActionListener() {
    @Override
    public void onSuccess() {
    }
    @Override
    public void onFailure(int reasonCode) {
    }
});
```

如果发现处理成功,并检测到对等的设备,系统就会广播 WIFI_P2P_PEERS_CHANGED_ACTION 类型的 Intent。你可以使用一个广播接收器去监听这个 Intent,通过 requestPeers()方法来请求被发现的对等设备的列表,而有效的对等设备列表是通过 onPeersAvailable()回调来实现的。具体方法如下列代码所示:

```
PeerListListener myPeerListListener;
if (WifiP2pManager.WIFI_P2P_PEERS_CHANGED_ACTION.equals(action)) {
    if (manager != null) {
        manager.requestPeers(channel, myPeerListListener);
    }
```

}

2. 在获得对等设备列表之后，连接到想要连接的设备，就要调用 connect() 方法来连接这个设备。调用这个方法需要一个 WifiP2PConfig 对象，该对象包含了要连接设备的相关信息。通过 WifiP2PManager.ActionListener 监听器，能够获取连接成功或失败的通知。下列代码展示了实现的方法：

```
//从 WifiP2pDeviceList中获取一个可用设备
WifiP2pDevice device;
WifiP2pConfig config = new WifiP2pConfig();
config.deviceAddress = device.deviceAddress;
manager.connect(channel, config, new ActionListener() {
    @Override
    public void onSuccess() {
        //成功信息
    }
    @Override
    public void onFailure(int reason) {
        //失败信息
    }
});
```

3. 设备之间一旦建立了连接，就能够使用 socket 在设备之间进行数据的传输。基本的步骤如下：

（1）创建一个 ServerSocket 对象。这个 socket 会在指定的端口上等待客户端的连接，并且会一直阻塞，直到发生客户端的连接的操作，因此要在后台线程中做这件事。

（2）创建一个客户端的 Socket 对象。客户端需要使用服务端 socket 的 IP 地址和端口来连接服务端设备。

（3）把数据从客户端发送给服务端。当客户端的 socket 与服务端的 socket 成功建立起连接，就能够以字节流的形式，把数据从客户端发送给服务端。

（4）服务端 socket 会等待客户端的连接。用 accept()方法实现此功能，这个调用会一直阻塞，直到客户端连接的发生，因此这个调用要放到另外一个线程中。当连接发生时，服务端就能接收来自客户端的数据。同时，还可以对数据执行一些操作，如保存到文件或展现给用户。

Wi-Fi Direct Demo 示例（在安装 sdk 目录下的\samples\android-17 文件中）展示了如何创建这种客户-服务模型的 socket 通信，并从客户端把 JPEG 图片传输给服务端。如下代码所示：

```java
public static class FileServerAsyncTask extends AsyncTask {
    private Context context;
    private TextView statusText;
    public FileServerAsyncTask(Context context, View statusText) {
        this.context = context;
        this.statusText = (TextView) statusText;
    }
    @Override
    protected String doInBackground(Void... params) {
        try {
            //创建一个server socket，等待客户端的连接。这个调用会一直阻塞，直到发生客户端连接操作
            ServerSocket serverSocket = new ServerSocket(8888);
            Socket client = serverSocket.accept();
            //如果到达这个代码，客户端已经连接并传输了数据。把来自客户端的数据流保存为JPEG文件

            final File f = new File(Environment.getExternalStorageDirectory()
            + "/"
                    + context.getPackageName() + "/wifip2pshared-" + System.
            currentTimeMillis()
                    + ".jpg");
            File dirs = new File(f.getParent());
            if (!dirs.exists())
                dirs.mkdirs();
            f.createNewFile();
//获取 inputstream
            InputStream inputstream = client.getInputStream();
            copyFile(inputstream, new FileOutputStream(f));
            serverSocket.close();
            return f.getAbsolutePath();
        } catch (IOException e) {
            Log.e(WiFiDirectActivity.TAG, e.getMessage());
            return null;
        }
    }
    //开始能够处理JPEG图片的activity

    @Override
    protected void onPostExecute(String result) {
        if (result != null) {
            statusText.setText("File copied - " + result);
            Intent intent = new Intent();
            intent.setAction(android.content.Intent.ACTION_VIEW);
```

```
        intent.setDataAndType(Uri.parse("file://" + result), "image/*");
        context.startActivity(intent);
    }
  }
}
```

在客户端，使用客户端 socket 连接到服务端 socket，然后进行传输数据。如下代码实现了把客户端设备的文件系统上的一个 JPEG 文件传输给服务端的功能：

```
Context context = this.getApplicationContext();
String host;
int port;
int len;
Socket socket = new Socket();
byte buf[] = new byte[1024];
...
try {
    //创建一个含有主机，端口，超时信息的客户端socket。
    socket.bind(null);
    socket.connect((new InetSocketAddress(host, port)), 500);
    //创建一个来自JPEG文件的字节流，并且通过管道流向socket的输出流。这个数据将
    由服务器设备检索
    OutputStream outputStream = socket.getOutputStream();
    ContentResolver cr = context.getContentResolver();
    InputStream inputStream = null;
    inputStream = cr.openInputStream(Uri.parse("path/to/picture.jpg"));
    while ((len = inputStream.read(buf)) != -1) {
        outputStream.write(buf, 0, len);
    }
    outputStream.close();
    inputStream.close();
} catch (FileNotFoundException e) {
    //异常信息
} catch (IOException e) {
    //异常信息
}
//当完成传输或发生异常，清理任何一个打开的socket
Finally {
    If (socket != null) {
        if (socket.isConnected()) {
            try {
                socket.close();
            } catch (IOException e) {
                //异常信息
            }
        }
```

```
        }
    }
}
```

8.5　Android 蓝牙开发入门

蓝牙，是一种支持设备短距离通信（一般 10m 内）的无线电技术，能在移动电话、PDA、无线耳机、笔记本电脑、相关外设等众多设备之间进行无线信息交换。蓝牙不仅仅是一项简单的技术，更代表了一种崇尚简约和自由的信念。借助蓝牙，可以抛开传统连线的束缚，彻底享受无拘无束的乐趣。现在，蓝牙已经广泛引入到移动电话和个人计算机上，使得用户完全摆脱了那些令人讨厌的连接电缆而可以直接通过蓝牙建立起无线通信连接。打印机、PDA、台式计算机、传真机、键盘、游戏操纵杆、耳机等数字设备都可以成为蓝牙系统的一部分。蓝牙工作在全球通用的 2.4GHz ISM（即工业、科学、医学）频段，数据速率为 1Mbps，使用时分双工传输方案来实现全双工传输。蓝牙遵循的是 IEEE 802.15 协议。

ISM 频带是对所有无线电系统都开放的频带，因此使用其中的某个频段都会遇到不可预测的干扰源，如某些家电、无绳电话、车库开门器、微波炉等。为此，蓝牙特别设计了快速确认和跳频方案以确保链路稳定。跳频技术是把频带分成若干个跳频信道（hop channel），在一次连接中，无线电收发器按一定的码序列（即一定的规律，技术上叫做"伪随机码"，就是"假"的随机码）不断地从一个信道"跳"到另一个信道，只有收发双方是按这个规律进行通信的，而其他的干扰不可能按同样的规律进行干扰；跳频的瞬时带宽是很窄的，但通过扩展频谱技术使这个窄频带成百倍地扩展成宽频带，使得被干扰可能的几率降至最低。

蓝牙协议的核心协议层包括基带、链路管理协议（LMP）、逻辑链路控制和适配协议层（L2CAP）、服务搜索协议（SDP）和无线射频通信（RFCOMM）。其中，基带层定义了蓝牙设备相互通信过程中必需的编解码、跳频频率的生成和选择等技术。LMP 的作用主要是完成基带连接的建立和管理。L2CAP 提供分割和重组业务。服务搜索协议（SDP）包括一个客户机-服务器架构，负责侦测或通报其他蓝牙设备。RFCOMM 是用于传统串行端口应用的电缆替换协议。图 8-7 是来自于蓝牙官方文档中的用于描述蓝牙核心体系架构的插图。

蓝牙作为一个全球公开的无线应用标准，通过把各种语音和数据设备用无线链路连接起来，使人们能够随时随地进行数据信息的交换和传输，这极大地方便和满足了广大人群的需求。Android 在最初版本中并不支持蓝牙设备，不过随着系统的逐步完善，从 Android 2.0 版本起开始添加了对蓝牙的支持。

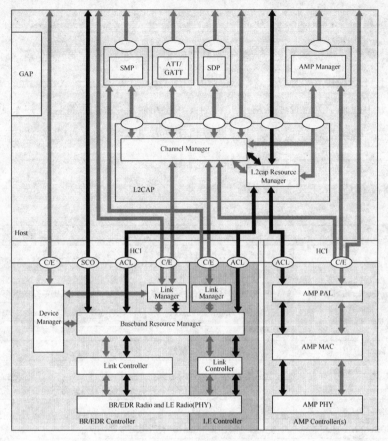

图 8-7　蓝牙核心架构

由于 Android 在 2.0 版本之后才提供了对蓝牙的支持，因此在建立 Android 项目时一定要确保项目所使用的 Android 版本为 2.0 或更高，本书的截图大部分是在 4.2.2 版本下截取的。

Android SDK 中的 android.bluetooth 包提供了用于管理和使用蓝牙功能的类，通过这些类可以完成搜索蓝牙设备、连接蓝牙设备和通过蓝牙传输数据库功能，具体来说，主要为应用程序提供了如下功能：

- 搜寻有效范围内的蓝牙设备。
- 通过本地的蓝牙适配器来查询与之配对的蓝牙设备。
- 在配对的蓝牙设备之间建立 RFCOMM 信道。
- 连接到其他设备的指定端口。
- 在设备之间传输数据。

在 Android 应用程序中，如果需要用到蓝牙设备进行通信，在应用程序的配置文件 Android Manifest.xml 中必须声明权限：

```
<uses-permission android:name="android.permission.BLUETOOTH"/>
```

如果需要用到一些其他特定的功能，如请求蓝牙设备允许被搜索，还需要声明 BLUETOOTH_ADMIN 权限，即<uses-permission android:name="android.permission.BLUETOOTH_ADMIN"/>语句。另外，需要注意的是，并不是所有运行 Android 系统的移动设备都能保证提供了蓝牙硬件支持，因此在应用程序中也要考虑到这一点，防止程序在运行时崩溃。

表 8-4 描述了 SDK 提供的用于管理蓝牙的类和接口的作用说明。

表 8-4　Android 提供的使用蓝牙的接口和类

接　　口	描　　述
BluetoothProfile	蓝牙规范的公用 API 接口，所有的蓝牙规范都必须实现这个接口。Profile 目的是要确保蓝牙设备间的互通性
BluetoothProfile.ServiceListener	用于在蓝牙客户设备连接或者断开连接时给它们发出通知的接口
BluetoothA2dp	该类作为对 BluetoothProfile 接口实现的实例，这是对蓝牙的 A2DP 规范的 API 实现类
BluetoothAdapter	代表了本地的蓝牙适配器
BluetoothAssignedNumbers	蓝牙的指令编号
BluetoothClass	代表了一个蓝牙的类，这个类描述了蓝牙设备的特征和性能参数
BluetoothClass.Device	定义了所有的 device 类所用的常量
BluetoothClass.Device.Major	定义了所有主要的 device 类所用的常量
BluetoothClass.Service	定义了所有的 service 类所用的常量
BluetoothDevice	代表一个远程的蓝牙设备
BluetoothHeadset	实现蓝牙耳机服务的公共 API
BluetoothServerSocket	用于监听 socket 连接请求的类
BluetoothSocket	一个已连接的或正在连接的 socket 类

通过这些类应用程序可以对蓝牙进行控制和操作，如打开或者关闭蓝牙，连接和断开其他蓝牙设备（如蓝牙耳机）等，还可以与其他设备之间建立起 RFCOMM 协议的连接并传输文件。

下面通过一个简单的实例来加深对这些类的理解。本例仅对蓝牙进行了四个简单的操作，即打开蓝牙设备、关闭蓝牙设备、允许蓝牙被搜索和搜索附近的蓝牙设备，保存为 TestBluetooth。

该项目的 AndroidManifest.xml 文件如下：

```
<?xml version="1.0" encoding="utf-8"?>
<manifest xmlns:android="http://schemas.android.com/apk/res/android"
```

```
                android:versionCode="1"
                android:versionName="1.0" package="com.bluetooth">
......
    <!-- SDK 的版本至少要高于 5 -->
    <uses-sdk android:minSdkVersion="5" />
    <!-- 声明需要使用蓝牙的权限 -->
    <uses-permission android:name="android.permission.BLUETOOTH" />
    <uses-permission android:name="android.permission.BLUETOOTH_ADMIN" />
</manifest>
```

注意：最低 SDK 版本的设置必须高于 5 及需要声明的两个 uses-permission 语句。

下面是该项目 BluetoothActivity 和用于搜寻蓝牙设备的 DiscoveryActivity，需要说明的地方已经在代码中间给出了注释。

BluetoothActivity.java

```java
public class BluetoothActivity extends Activity
{
    //获取默认的蓝牙设备
    private BluetoothAdapter _bluetooth = BluetoothAdapter.getDefaultAdapter();
    //请求可以被搜索
    private static final int REQUEST_DISCOVERABLE = 0x2;
    @Override
    public void onCreate(Bundle savedInstanceState)
    {
        super.onCreate(savedInstanceState);
        setContentView(R.layout.main);
    }
    //开启蓝牙设备
    public void onEnableButtonClicked(View view)
    {
        _bluetooth.enable();
    }
    //关闭蓝牙设备
    public void onDisableButtonClicked(View view)
    {
        _bluetooth.disable();
    }
    //设备可以被其他蓝牙设备搜索
    public void onMakeDiscoverableButtonClicked(View view)
    {
```

```java
        Intent enabler = new Intent(BluetoothAdapter.ACTION_REQUEST_
    DISCOVERABLE);
        startActivityForResult(enabler, REQUEST_DISCOVERABLE);
    }
    //搜索按钮被按下
    public void onStartDiscoveryButtonClicked(View view)
    {
        Intent enabler = new Intent(this, DiscoveryActivity.class);
        startActivity(enabler);
    }
}
```

DiscoveryActivity.java

```java
public class DiscoveryActivity extends ListActivity
{
    //用于处理子线程发送给主线程的消息
    private Handler _handler = new Handler();
    //获取默认的蓝牙设备
    private BluetoothAdapter _bluetooth = BluetoothAdapter.getDefaultAdapter();
    //存储搜索到的设备列表
    private List<BluetoothDevice> _devices = new ArrayList<BluetoothDevice>();
    //搜索完成
    private volatile boolean _discoveryFinished;
    private Runnable _discoveryWorkder = new Runnable() {
        public void run()
        {
            _bluetooth.startDiscovery(); //开始搜索
            for (;;)
            {
                if (_discoveryFinished)
                {
                    break;
                }
                try
                {
                    Thread.sleep(100);
                }
                catch (InterruptedException e){}
            }
        }
    };
    /**
```

```java
 * 系统广播接收器
 * 搜索过程中发现一个蓝牙设备时调用
 */
private BroadcastReceiver _foundReceiver = new BroadcastReceiver() {
    public void onReceive(Context context, Intent intent) {
        //获取搜索到的设备信息
        BluetoothDevice device = intent
                .getParcelableExtra(BluetoothDevice.EXTRA_DEVICE);
        //添加搜索到的设备信息
        _devices.add(device);
        //更新已搜索到的设备列表
        showDevices();
    }
};
/**
 * 系统广播接收器
 * 搜索过程结束时调用
 */
private BroadcastReceiver _discoveryReceiver = new BroadcastReceiver() {
    @Override
    public void onReceive(Context context, Intent intent)
    {
        //移除接收器的注册
        unregisterReceiver(_foundReceiver);
        unregisterReceiver(this);
        _discoveryFinished = true;
    }
};

protected void onCreate(Bundle savedInstanceState)
{
    super.onCreate(savedInstanceState);
    getWindow().setFlags(WindowManager.LayoutParams.FLAG_BLUR_BEHIND,
    WindowManager.LayoutParams.FLAG_BLUR_BEHIND);
    setContentView(R.layout.discovery);

    if (!_bluetooth.isEnabled())    //如果蓝牙设备没有找到或没有打开,程
    序结束
    {
        finish();
        return;
    }
    //注册程序所使用的接收器
```

```java
        IntentFilter foundFilter = new IntentFilter(BluetoothDevice.
ACTION_FOUND);
        registerReceiver(_foundReceiver, foundFilter);
        IntentFilter discoveryFilter = new IntentFilter(Bluetooth
Adapter.ACTION_DISCOVERY_FINISHED);
        registerReceiver(_discoveryReceiver, discoveryFilter);
        //显示正在搜索对话框
        SamplesUtils.indeterminate(DiscoveryActivity.this, _handler,
"Scanning...", _discoveryWorkder, new OnDismissListener() {
            public void onDismiss(DialogInterface dialog)
            {
                for (; _bluetooth.isDiscovering();)
                {
                    _bluetooth.cancelDiscovery();
                }
                _discoveryFinished = true;
            }
        }, true);
    }
    //显示搜索到的设备列表,在搜索过程中更新
    protected void showDevices()
    {
        List<String> list = new ArrayList<String>();
        for (int i = 0, size = _devices.size(); i < size; ++i)
        {
            StringBuilder b = new StringBuilder();
            BluetoothDevice d = _devices.get(i);
            b.append(d.getAddress());
            b.append('\n');
            b.append(d.getName());
            String s = b.toString();
            list.add(s);
        }
        final ArrayAdapter<String> adapter = new ArrayAdapter<String>
(this, android.R.layout.simple_list_item_1, list);
        _handler.post(new Runnable() {
            public void run()
            {
                setListAdapter(adapter);
            }
        });
    }
    //用于处理单击设备条目的操作
    protected void onListItemClick(ListView l, View v, int position, long id)
```

Android网络通信

```
{
    Intent result = new Intent();
    result.putExtra(BluetoothDevice.EXTRA_DEVICE, _devices.
    get(position));
    setResult(RESULT_OK, result);
    finish();
}
}
```

程序运行的界面如图 8-8、图 8-9、图 8-10、图 8-11 所示。注意，到目前为止，Android 4.2.2 版本的模拟器暂不支持模拟蓝牙，所以要调试蓝牙程序必须在真机上进行。

图 8-8　初始状态

图 8-9　开启蓝牙（通知区域）

图 8-10　使蓝牙可被搜索

图 8-11　正在搜索

另外，蓝牙最主要的应用就是用于不同的设备之间传输数据，具体的实现方法,将在 8.6 节中详细介绍。

8.6 实例:蓝牙聊天

本节将通过一个 Android 网络通信的示例来加深对 Android 网络通信的理解,帮助读者了解如何在应用程序中正确地进行通信。

这个程序实现的功能主要是:

(1)开启本地蓝牙设备,搜索周边的其他蓝牙设备;

(2)本地蓝牙设备连接另一个蓝牙设备。连接成功后,配对的蓝牙设备进行通信聊天。

先看看该程序运行截图,如 8-12~图 8-14 所示。

图 8-12　开启蓝牙请求　　图 8-13　发现蓝牙设备　　图 8-14　连接并通信聊天

通过 8.5 节的知识点,可以完成上述的第一个功能。第二个功能的具的实现方法,主要有 3 个线程类完成的。

8.6.1 本机作为服务端参与连接的建立

通过 listenUsingRfcommWithServiceRecord(String, UUID) 方法得到一个 BluetoothServer Socket 对象,方法中的 String 参数代表了本机的名称,UUID 是用于蓝牙设备之间相互识别的唯一识别码,当这个 UUID 在客户端和服务端是同一个值时才能够建立起连接,在蓝牙通信中起着十分重要的作用。

```
mServerSocket=mAdapter.listenUsingRfcommWithServiceRecord(NAME, UUID);
```

然后通过 mServerSocket 的 accept()方法开始监听连接到这个端口的请求：

```
mServerSocket.accept();
```

该监听线程会一直阻塞直到有新的请求到来，除非在程序中人为调用了 mServerSocket 的 close()方法。

完整代码如下：

```
// 蓝牙服务端 socket 监听线程
private class AcceptThread extends Thread {
 private final BluetoothServerSocket mmServerSocket;
 public AcceptThread() {
  // 由于mmServerSocket是final型，因此通过一个零时的tmp对象来获取
  BluetoothServerSocket对象并在之后赋值给mmServerSocket
    BluetoothServerSocket tmp = null;
    try {
        // MY_UUID是专属于该应用的识别码
       tmp = mBluetoothAdapter.listenUsingRfcommWithServiceRecord
         (NAME, MY_UUID);
    } catch (IOException e) { }
    mmServerSocket = tmp;
  }
  public void run() {
     BluetoothSocket socket = null;
     // 监听连接请求
     while (true) {
        try {
            socket = mmServerSocket.accept();
        } catch (IOException e) {
           break;
        }
        // 接收到请求
        if (socket != null) {
           // 在一个独立线程中管理蓝牙连接
           manageConnectedSocket(socket);
           mmServerSocket.close();
           break;
        }
     }
  }
  /*终止蓝牙服务线程 */
  public void cancel() {
     try {
        mmServerSocket.close();
```

```
        } catch (IOException e) { }
    }
}
```

8.6.2 本机作为客户端参与连接的建立

通过使用 BluetoothDevice 类可以得到 BluetoothSocket，这样会得到一个用于连接到远程蓝牙设备的 BlueSocket 对象，这里用到的参数 MY_UUID 必须与服务端的 UUID 是相同，否则不能够建立起连接。

```
mSocket= device.createRfcommSocketToServiceRecord(MY_UUID);
```

得到了 BluetoothSocket 对象后，通过调用它的 connect()方法，建立起到服务器的一条专用的蓝牙连接。

完整的示例代码如下：

```
//蓝牙socket连接线程
private class ConnectThread extends Thread {
private final BluetoothSocket mmSocket;
private final BluetoothDevice mmDevice;
public ConnectThread(BluetoothDevice device) {
    //由于mmSocket是final型,因此通过一个临时tmp对象来获取BluetoothSocket
    对象并在之后赋值给mmSocket
    BluetoothSocket tmp = null;
    mmDevice = device;
    //使用BluetoothSocket对象连接指定的蓝牙设备
    try {
        //MY_UUID是应用程序的UUID识别码,与对应的服务端使用一个UUID
        tmp = device.createRfcommSocketToServiceRecord(MY_UUID);
    } catch (IOException e) { }
    mmSocket = tmp;
}
public void run() {
    // 在连接设备之前先停止搜索蓝牙设备的操作，因为其会降低连接速度
    mBluetoothAdapter.cancelDiscovery();
    try {
        //通过指定的socket进行连接,该过程会阻塞线程直至连接成功或失败
        mmSocket.connect();
    } catch (IOException connectException) {
        // 连接失败，终止连接
        try {
            mmSocket.close();
        } catch (IOException closeException) { }
        return;
```

```
    }
    // 在一个独立线程中管理连接
    manageConnectedSocket(mmSocket);
}
/*停止连接并关闭socket */
    public void cancel() {
        try {
            mmSocket.close();
        } catch (IOException e) { }
    }
}
```

8.6.3 通信聊天

从连接的 socket 中,获取 InputStream 和 OutputStream,并且监听 InputStream 的情况。当 InputStream 读取出数据,就把数据存放到 buffer 数组里。然后,将获取到数据的消息发送到 UI 界面,同时也把数组 buffer 的数据发送过去,显示在 UI 界面上。

```
private class ConnectedThread extends Thread {
    private final BluetoothSocket mmSocket;
    private final InputStream mmInStream;
    private final OutputStream mmOutStream;
    public ConnectedThread(BluetoothSocket socket) {
        Log.d(TAG, "create ConnectedThread");
        mmSocket = socket;
        InputStream tmpIn = null;
        OutputStream tmpOut = null;
// 从连接的socket里获取InputStream和OutputStream
        try {
            tmpIn = socket.getInputStream();
            tmpOut = socket.getOutputStream();
        } catch (IOException e) {
            Log.e(TAG, "temp sockets not created", e);
        }
        mmInStream = tmpIn;
        mmOutStream = tmpOut;
    }
    public void run() {
        Log.i(TAG, "BEGIN mConnectedThread");
        byte[] buffer = new byte[1024];
        int bytes;
        // 在已连接的状态下,持续监听InputStream的情况
        while (true) {
```

```java
        try {
            // 从InputStream中读取数据，存放到buffer
            bytes = mmInStream.read(buffer);
            // 把获取到的消息发送到UI界面，同时也把buffer发送过去，显示出来
          mHandler.obtainMessage(BluetoothChat.MESSAGE_READ, bytes, -1,
          buffer)
                    .sendToTarget();
        } catch (IOException e) {
          Log.e(TAG, "disconnected", e);
          connectionLost();
          break;
        }
      }
}
    //把要发送的内容写到通道的OutputStream中，在发信息时被调用
    public void write(byte[] buffer) {
        try {
//将buffer内容写进通道
          mmOutStream.write(buffer);
          //将自己发送给对方的内容，也能在自己的UI界面中显示
          mHandler.obtainMessage(BluetoothChat.MESSAGE_WRITE, -1, -1,
          buffer)
                  .sendToTarget();
        } catch (IOException e) {
          Log.e(TAG, "Exception during write", e);
        }
    }
    public void cancel() {//关闭socket，即关闭通道
        try {
          mmSocket.close();
        } catch (IOException e) {
          Log.e(TAG, "close() of connect socket failed", e);
        }
    }
}
```

8.7 本章小结

本章主要讲述了 Android 平台下的网络通信基础知识，并且通过一组示例说明了如何在实际开发中来使用 Android 网络相关的 API，着重介绍了 WiFi 和蓝牙开发的典型方法。

8.8 本章习题

1. 试阐述 HTTP 的 GET 和 POST 的区别。
2. 分别采用 HttpClient 的 GET 和 POST 方式获取网页数据。
3. 使用 HttpClient 的 GET 和 POST 方式进行身份验证。
4. 使用 HttpClient 的 GET 和 POST 方式访问 Google 天气服务。
5. 使用 HttpURLConnection 的 GET 和 POST 方式进行身份验证。
6. 使用 HttpURLConnection 的 GET 和 POST 方式访问 Google 天气服务。
7. 使用 HttpURLConnection 下载文本、MP3 等文件。
8. 使用 HttpURLConnection 查看网络上图片的功能。
9. 在 PC 上使用 Java 实现一个支持多线程访问的 Socket 服务器端,来同时处理多个客户端连接请求,客户端也用 Java 在 PC 上实现。
10. 采用 Socket 通信方式,编写一个服务器端程序和一个客户端程序,实现由服务器端向客户端发送文件的功能。
11. 将习题 9 的客户端在 Android 上完成。
12. 采用 Socket 方式,编写一个简易手机网络聊天室。
13. 利用蓝牙通信传输文件。
14. 播放网络上的音频和视频文件。

第 9 章

传感器访问

9.1 传感器 API 介绍

为了方便对传感器的访问，Android 提供了用于访问硬件的 API，即 android.hardware 包，该包主要提供用于访问 Camera（相机）和 Sensor（传感器）的类和接口，关于相机的使用已经在 7.2.2 节中说明。现在介绍 Android 系统下如何使用传感器。

在 Android 应用程序中使用传感器要依赖于 android.hardware.SensorEventListener 接口，通过该接口可以监听传感器的各种事件。SensorEventListener 接口如下：

```
01 package android.hardware;
02 public interface SensorEventListener {
03 public abstract void onSensorChanged(SensorEvent event);
//传感器采样值发生变化时调用
04 public abstract void onAccuracyChanged(Sensor sensor, int accuracy);
//传感器精度发生改变时调用
05 }
```

接口包括了如上段代码中所声明的两个方法。OnAccuracyChanged()方法在一般场合中很少使用，常用的是 onSensorChanged()方法，它只有一个 SensorEvent 类型的参数 event，Sensor Event 类代表了一次传感器的响应事件，当系统从传感器获取到信息的变更时，会捕获该信息并向上层返回一个 SensorEvent 类型的对象，这个对象包含了传感器类型（public Sensor sensor）、传感事件的时间戳（public long timestamp）、传感器数值的精度（public int accuracy）以及传感器的具体数值（public final float[] values）。

其中，values 值非常重要，其数据类型是 float[]，代表了从各种传感器采集回的数值信息，该 float 型的数组最多包含 3 个成员，而根据传感器的不同，values 中各成员所代表的含义也不同。例如，通常温度传感器仅仅传回一个用于表示温度的数值,而加速度传感器则需要传回一个包含 X、Y、Z 三个轴上的加速度数值,同样的一个数据"10",如果是从温度传感器传回,则可能代表 10℃,如果从亮度传感器传回,则可能代表数值为 10 的亮度单位等。

应用程序就可以通过 Sensor 类型和 values 数组的值来正确地处理并使用传感器传回的值。

9.2 传感器相关的坐标系

为了正确理解传感器所传回的数值,本节先介绍 Android 所定义的两个坐标系,即世界坐标系(world coordinate-system)和旋转坐标系(rotation coordinate-system)。

9.2.1 世界坐标系

如图 9-1 所示,世界坐标系定义了从一个特定的 Android 设备上来看待外部世界的方式,主要是以设备的屏幕为基准而定义的,并且该坐标系依赖的是屏幕的默认方向,不随屏幕显示的方向改变而改变。

坐标系以屏幕的中心为圆点,其中:

① x 轴:方向是沿着屏幕的水平方向从左向右。手机默认的正放状态,一般来说即是如图 9-1 所示的默认为长边在左右两侧并且听筒在上方的情况,如果是特殊的设备,则可能 X 和 Y 轴会互换。

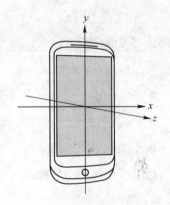

图 9-1 Android 设备的世界坐标系

② y 轴:方向与屏幕的侧边平行,是从屏幕的正中心开始沿着平行屏幕侧边的方向指向屏幕的顶端。

③ z 轴:z 轴的方向比较直观,即将手机屏幕朝上平放在桌面上时,屏幕所朝的方向。

有了约定好的世界坐标系,重力传感器、加速度传感器等传回的数据和解析数据的方法就能够按照这种约定来确立联系了。

9.2.2 旋转坐标系

旋转坐标系如图 9-2 所示,球体可以理解为地球,这个坐标系是专用于方位传感器(Orientation Sensor)的,可以理解为一个"反向的(inverted)"世界坐标

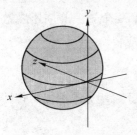

图 9-2 旋转坐标系

系。方位传感器即用于描述设备所朝向的方向的传感器，而 Android 为描述这个方向而定义了一个坐标系，这个坐标系也由 x、y、z 轴构成，特别之处是，方向传感器所传回的数值是屏幕从标准位置（屏幕水平朝上且正北）开始分别以这三个坐标轴为轴所旋转的角度。使用方位传感器的典型用例即"电子罗盘"。

在这个坐标系中：

- x 轴——即 y 轴与 z 轴的向量积 $y \cdot z$，方位是与地球球面相切并且指向地球的西方。
- y 轴——设备当前所在位置与地面相切并且指向地磁北极的方向。
- z 轴——设备所在位置指向地心的方向，垂直于地面。

由于这个坐标系是专用于确定设备方向的，因此进一步介绍访问传感器所传回的 values[] 数组中各数值所表示的含义，作为对 values[] 值的一种示例说明。当方向传感器感应到方位变化时会返回一个包含变化结果数值的数组，即 values[]，数组的长度为 3，它们分别是：

- values[0]——方位角，即手机绕 z 轴所旋转的角度。
- values[1]——倾斜角，专指绕 x 轴所旋转的角度。
- values[2]——翻滚角，专指绕 y 轴所旋转的角度。

以上所指明的角度都是逆时针方向的。

9.3 获取设备上传感器种类

由于 Android 平台的开放性，使用 Android 作为系统平台的手机类型相当多，各种类型的手机不仅针对自身硬件或者其他方面的需求做了一些定制，而且在传感器的支持上也不尽相同。

目前，Android SDK 4.2.2 版本支持的传感器类型包括方向传感器、加速度传感器、重力传感器、温度传感器、压力传感器、磁场传感器、陀螺仪、亮度传感器、邻近度传感器等。市面上出售的 Android 手机随着时间的推移支持的传感器类型也越来越多。那么，如何能够获知当前的手机设备上所提供的所有传感器的类型呢？

本节将通过一个示例来说明如何获取一个手机所提供的传感器列表。在实际

应用开发中,对设备是否支持特定的传感器类型的检测也是提高代码健壮性的一个方法。

9.3.1 功能实现

为了获取当前手机上已连接的传感器清单,需要借助于 SensorManager 的 getSensorList()方法,首先需要获取一个 SensorManager 类的实例,方法如下:

```
01 private SensorManager mSensorManager;
02 mSensorManager = (SensorManager)getSystemService(SENSOR_SERVICE);
```

获取 SensorManager 对象可以使用 Activity.getSystemService()方法来获取一个系统服务,方法的唯一参数是 string 类型,通过该 string 类型参数作为标识符来寻找指定的系统服务对象。这里使用到的 SENSOR_ SERVICE 是由 Context 类所定义的一个具名常量,实际的值是字符串"sensor",获取 SensorManager 对象则是使用 SENSOR_SERVICE 作为参数返回一个 Sensor Manager 对象实例。

在获取了当前系统的 SensorManager 类的对象后,就可以通过其 getSensorList() 方法来获取相应的传感器清单,方法如下:

```
List<Sensor> sensors = mSensorManager.getSensorList(Sensor.TYPE_ALL);
```

这个方法的参数是 int 类型,类似于 getSystemService()方法,该参数用于指定返回何种类型的传感器清单。而 Sensor.TYPE_ALL 则指代了所有的传感器类型,因此使用该值作为参数将使方法返回一个当前系统所连接的所有传感器的清单。当然,通过指定特定的类型,如 Sensor.TYPE_ACCELEROMETER,则会返回加速度传感器的清单,这个清单长度可以是 0,也可能是 1 或者更多,这取决于当前手机上是否存在正常工作的加速度传感器或者存在着多少个加速度传感器。

获取了传感器清单后,通过如下代码将每个传感器的名称依次显示到 TextView 上:

```
01        sensorList = (TextView)findViewById(R.id.sensorlist);
02        for(Sensor sensor:sensors)
03        {
04            //输出传感器的名称
05            sensorList.append(sensor.getName() + "\n");
06        }
```

如代码所示,只需要简单地对 sensors 这个 List 中的所有 sensor 对象依次使用

sensor.getName()方法，就能够获取每个传感器的名称，然后通过 TextView 的 append(string)方法将名称显示出来。

9.3.2 获取的传感器列表

执行 9.3.1 节的代码，便得到了如图 9-3 所示的结果。

从结果中可以看出，该款真机支持了如下型号的共 6 种类型的传感器：

图 9-3 获取的传感器清单

- LIS331DLH 3-axis Accelerometer——加速度传感器。
- AK8973 3-axis Magnetic field sensor——磁场传感器。
- AK8973 Temperature sensor——温度传感器。
- SFH7743 Proximity sensor——邻近度传感器。
- Orientation sensor——方位传感器。
- LM3530 Light sensor——亮度传感器。

9.4 利用传感器实现指南针功能

通常，由传感器所传回的数值是难以被用户直接理解的，即使温度传感器也不例外。虽然温度传感器多数情况下仅仅返回一个代表温度的数值，但是倘若不告诉用户该温度值所使用的单位，同样是难以理解的。因此，本节通过在 Android 上实现一个指南针的应用，来讲解如何将传感器的数值与视觉效果结合起来，达到便于用户所理解的效果。

9.4.1 功能分析及实现

结合 9.2.2 节中对方位传感器的相关介绍，并结合如图 9-2 所示的坐标系，可以知道在这个指南针应用中，需要关注的是手机绕图 9-2 中的 z 轴所旋转的角度，即传感器所传回的 values[0]值，该 values[0]的值即代表了手机当前已经绕 z 轴所旋转的角度。这个角度以正北方向为基准，其返回的值如图 9-4 所示。假定图中右方箭头所指方向为正北，左方圆形中的箭头所指的是手机（传感器）所朝的方向，数值

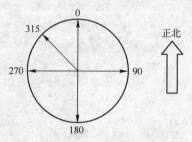

图 9-4 手机朝向与传感器返回值的关系

则是传感器返回的 values[0]值。

知道了这两者之间的关系，就可以开始实现具体的代码了，先需要从方位传感器处获取其感应到的值，为此需要为 Activity 实现 SensorEventListener 接口，即在类中实现如下两个方法：

```
public void onAccuracyChanged(Sensor sensor, int accuracy) {}
public void onSensorChanged(SensorEvent event) {}
```

在一般简单的应用中通常将 onAccuracyChanged 方法留空，主要是在 onSensorChanged()方法中去实现相应的功能。在实现了 SensorEventListener 接口后，才能够获取到传感器发生变化的事件。然后需要为当前的 Activity 注册需要使用的传感器，通过如下方式获取系统默认的方位传感器的实例：

```
01 mSensorManager = (SensorManager)getSystemService(SENSOR_SERVICE);
02 mOrientation=mSensorManager.getDefaultSensor(Sensor.TYPE_ORIENTATION);
```

然后，需要完成传感器事件监听器和传感器的注册工作，只有注册了之后，传感器管理器（SensorManager）才会将相应的传感信号传给该监听器。通常将这个注册的操作放在 Activity 的 onResume()方法下，同时将取消注册即注销的操作放在 Activity 的 onPause()方法下，这样就可以使传感器的资源得到合理的使用和释放，方法如下：

```
01 protected void onResume() {
02 super.onResume();
03 mSensorManager.registerListener(this,mOrientation,SensorManager.SENSOR_DELAY_UI);
04 }
05 protected void onPause() {
06 super.onPause();
07 mSensorManager.unregisterListener(this);
08 }
```

注册了对方位传感器的事件监听器之后，当方位传感器的数值发生改变或者到达更新数值的时刻时，onSensorChanged()方法将被执行，还会传入一个包含传感器事件信息的 SensorEvent 对象，根据这个对象的属性就可以获取到方位值，然后根据这个方位值来实现对指南针的控制。

指南针使用一个 ImageView 来实现，而指南针的旋转则使用了 RotateAnimation 类，这个类专用于定义旋转图像的操作，它的一个构造方法如下：

```
RotateAnimation(float fromDegrees, float toDegrees, int pivotXType,
float pivotXValue, int pivotYType, float pivotYValue)
```

构造方法包含了6个参数，它们的含义分别如下。

- fromDegrees：该段旋转动画的起始度数。
- toDegrees：旋转的终点度数。
- pivotXType：用于指定其后的 pivotXValue 的类型，即说明按何种规则来解析 pivotXValue 数值，目前包括3种类型，即 Animation.ABSOLUTE（绝对数值，即 pivotXValue 为坐标值）、Animation.RELATIVE_TO_SELF（相对于自身的位置，如本例中的 ImageView，当 pivotXValue 为 0.5 时表示旋转的轴心 X 坐标在图形的 X 边的中点）、Animation. RELATIVE_TO_PARENT（相对于父视图的位置）。
- pivotXValue：动画旋转的轴心的值，对它的解析依赖于前面 pivotXType 指定的类型。
- pivotYType：类似于 pivotXType，代表 Y 轴。
- pivotYValue：类似于 pivotXValue，代表 Y 轴。

下面来构造本例中的 RotateAnimation 对象：

```
01 RotateAnimation ra;
02 ra = new RotateAnimation(currentDegree, targetDegree,
03 Animation.RELATIVE_TO_SELF, 0.5f,
04 Animation.RELATIVE_TO_SELF, 0.5f);
05 ra.setDuration(200);                //在200ms之内完成旋转动作
```

如上述代码，第 02~04 行定义了该旋转动画的属性，即以执行该动画的对象的正中心为旋转轴进行旋转，第 05 行则设定了完成整个旋转动作这个过程的时间。有了这个 ra 对象，ImageView 对象通过方法：

```
ImageView.startAnimation(ra);
```

就可以执行这个旋转。

最后需要找一张图片用于指定各方向，为了美观和便于使用，示例使用了一张矩形图片，关于自身中心显得对称，并且该图片中指示北极的箭头是朝正上方的，即可以设定原始图片的旋转度数为 0。如果原始图片的北极不是指向正上方也可以使用，但是会为之后的编码引入额外的工作量。准备好图片后，将其放入到工程的 drawable 目录下，并在 Activity 的 onCreate()方法中绑定，即

```
compass = (ImageView)findViewById(R.id.compass);
```

现在有了compass这个ImageView,就只需要在onSensorChanged()方法中通过传感器传回的数值来定义出需要执行的RotateAnimation(ra),并执行compass.startAnimation(ra),就可以实现在传感器每次传回数值时对指南针进行转动,从而实现指南针的功能。onSensorChanged()的完整代码如下:

```
01  public void onSensorChanged(SensorEvent event) {
02      switch(event.sensor.getType()){
03      case Sensor.TYPE_ORIENTATION: {
04          //处理传感器传回的数值并反映到图像的旋转上,
05          //需要注意的是由于指南针图像的旋转是与手机(传感器)相反的
06          //因此需要旋转的角度为负的角度(-event.values[0])
07          float targetDegree = -event.values[0];
08          rotateCompass(currentDegree, targetDegree);
09          currentDegree = targetDegree;
10          break;
11      }
12      default:
13          break;
14      }
15  }
16  /**
17   * 以指南针图像中心为轴旋转,从起始度数currentDegree旋转至targetDegree
18   */
19  private void rotateCompass(float currentDegree, float targetDegree){
20      RotateAnimation ra;
21      ra = new RotateAnimation(currentDegree, targetDegree,
22                          Animation.RELATIVE_TO_SELF, 0.5f,
23                          Animation.RELATIVE_TO_SELF, 0.5f);
24      ra.setDuration(200);              //在200ms之内完成旋转动作
25      compass.startAnimation(ra);       //开始旋转图像
26  }
```

其中,第19~26行将执行旋转的一系列步骤,可以单独列为子程序rotateCompass(),只需要提供起始度数currentDegree和终止度数targetDegree;另外需要注意的一个地方则是如注释04~06行需要将targetDegree取值为负的values[0],这里也进一步说明了对传感器数值的利用是需要进行修饰的。

9.4.2 指南针实现效果

通过9.4.1节的代码实现,就可以得到指南针的效果了,配套项目为

Sensor-Compass。图 9-5 和图 9-6 分别代表了手机在两个不同方向下的状态，效果很直观，指示方向的指南针图片随着手机方位的转变而发生变化，以使其 N 箭头所标识的方向与地磁北极方向一致。

图 9-5 指南针效果图　　　　　　图 9-6 旋转手机后的一个状态

9.4.3 在模拟器上开发传感器应用

本节将介绍如何在模拟器上来调试与传感器相关的应用程序，读者可能会有疑问，模拟器根本不存在传感器，怎么能使用模拟器来调试传感器呢？这就需要借助到一个名为 OpenIntents 的开放项目，这个项目下有一个名为 SensorSimulator 的子项目，从名称中就可以看出，这个项目是用于仿真传感器的。借助这个项目就可以为模拟器再仿真出一套"模拟传感器"，可以实现在模拟器上调试与传感器相关的应用了。下面将按照这个方案带领大家一起实现指南针应用的模拟器版本，首先介绍 SensorSimulator 及其使用方法。

1. SensorSimulator 下载

SensorSimulator 能够使用户仅通过鼠标和键盘就能够实时地仿真出各种传感器的数据，最新的 SensorSimulator 版本中甚至还支持了仿真电池电量状态、仿真 GPS 位置的功能，还能"录制"真机的传感器在一段时间内的变化情况，以便于为开发者分析和测试提供材料。OpenIntents 项目的下载地址为 http://code.google.com/p/openintents/downloads/list，从中可以找到所有 Open Intents 已发布的软件包，其中就包括了 SensorSimulator，目前的版本号为 2.0-rc1，如图 9-7 所示。

下载并解压 sensorsimulator.zip 包后，可以发现目录下的结构如图 9-8 所示。

第9章 传感器访问

图 9-7 在何处下载 SensorSimulator

图 9-8 SensorSimulator 包的内容

其中，bin 文件夹下包括了已编译好的一个可执行 JAR 文件和两个 apk 安装包，以及三个用于描述说明的文本文件；lib 文件夹下则是编译好的 Java 类库，提供与传感器仿真有关的 API；release 文件夹下存放的是用于 build 发布的文件；samples 下提供了两个传感器的示例；第 5～7 个文件夹则是该 bin 中那些已编译的二进制文件的源码。对于本例来说，需要使用的只有 bin 和 lib 两个文件夹中的内容。

2. 在模拟器上安装和设置 SensorSimulatorSettings

为了使 Android 模拟器能够接收到 SensorSimulator 仿真出的传感器数据，首先需要让模拟器能够与 SensorSimulator 建立连接，为此需要在 Android 模拟器上安装 SensorSimulatorSettings - 2.0-rc1.apk 应用，通过在命令提示符下输入如下命令来完成安装：

```
adb install SensorSimulatorSettings-2.0-rc1.apk
```

将这个用于设置连接的应用安装到模拟器中后，运行该应用程序会进入如下界面，如图 9-9 和图 9-10 所示。

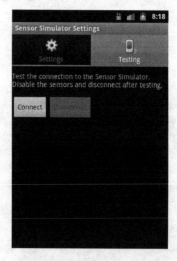

图 9-9 IP 和端口设置界面　　　　图 9-10 测试连接界面

图 9-9 中需要填写的 IP 地址及 Socket 端口号就是模拟器与 SensorSimulator 连接的凭据，IP 地址可以直接填写 10.0.2.2，代表了运行该模拟器的宿主 PC，端口号则需要与 SensorSimulator 中的设置一致，一般来说默认即可，如果遇到端口冲突的问题，分别在模拟器中和 SensorSimulator 的配置中（稍后会进行说明）进行一致的更改即可。图 9-10 为测试连接的界面，虽然被称为测试界面，但是实际上也是依靠单击 Connect 按钮来建立好连接，连接成功之后才能够在我们的示例中成功地接收到数据。

3．PC 端应用程序介绍

然后在 PC 端启动 bin 文件夹下的 sensorsimulator-2.0-rc1.jar 这个可执行的 Java 应用程序，即可看到如图 9-11 所示的界面。

若要设置端口、刷新频率等，可以单击界面右上方的齿轮样式的图标，界面左边一栏包括了三个窗口，其中最上方的窗口中有一个用于对设备的方位、角度等状态进行仿真的三维模型，可以使用鼠标直接对该模型进行 yaw&pitch、roll&pitch 和 move 操作，三种操作基本可以模拟出绝大部分现实世界中设备的各种状态。对于三种操作的区别，建议读者在操作中体会。

中间窗口中的一系列数据就是最上方窗口中的模型所返回的传感器数值，默认开启了 5 种传感器的仿真，包括 accelerometer（加速度传感器）、magnetic field（磁场传感器）、orientation（方位传感器，即本例中需要使用到的传感器）、light（亮度传感器）、gravity（重力传感器）。如果需要仿真更多的传感器数据，可以在右边的 Sensors 标签页中进行开启，如图中显示为深色的按钮即为已开启的传感器类型,通过单击按钮可以开启/关闭相应的传感器。

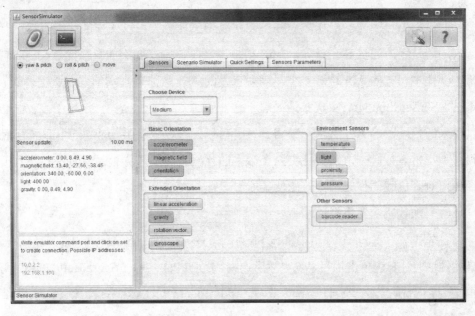

图 9-11　SensorSimulator 界面

最下方的窗口则是一个作为信息输出的作用。界面右边一栏包含了一些对传感器进行设置或者控制的选项,使用方法比较简单,由于在本例中不需要进行十分特定的仿真,因此不必关注其他的内容,只需要保证 orientation 这个传感器处于工作状态即可。

在确保 SensorSimulator 的端口号与模拟器上设置的端口号一致后(本例中使用的默认值 8010),在模拟器的 Testing 选项卡下单击 Connect 按钮,就可以成功连接至 SensorSimulator,并且接收到传感器所传回的数据,如图 9-12 所示。传感器的数据将会显示在界面的下半部分,可以发现此处所显示的数据与图 9-11 中左边一栏中间的窗口中的数据相同,通过鼠标调整三维模型的状态,可以发现模拟器上的数据与之发生同步的变化,这就说明模拟传感器的连接已经正确地建立起来了,接下来就可以开始利用仿真的传感器开发应用程序了。

图 9-12　连接成功并接收到数据

4. 修改代码使指南针工作在模拟器上

通过如上一系列的操作之后并不能使原先在真机上可以工作的代码直接运行起来，这是因为通过 SensorSimulator 模拟出来的传感器并不能直接向 Android 自带的硬件中相关的 API 传递数据，因为自带的 API 是需要真实的硬件所支持的。不过，SensorSimulator 很优雅地处理了这一问题，它通过提供一个用于接收其仿真出来的传感器的 API 类库，使得开发者可以通过仅仅替换一小部分代码即可使得程序正常运行起来，从而使得两个版本的代码直接的差异性达到最小，下面介绍如何对真机版的代码稍作改变使其能够运行在模拟器上。

（1）加载感应器模拟库

首先需要在 Eclipse 项目中加入 lib 目录下的 sensorsimulator-lib-2.0-rc1.jar 包，具体做法是：右键单击项目名称，然后选择 "Build Path→Configure Build Path…"，再在 Libraries 选项卡下单击 "Add External JARs…"，并定位到 sensorsimulator-lib-2.0-rc1.jar 文件，之后就可以使用这个库了，如图 9-13 所示。

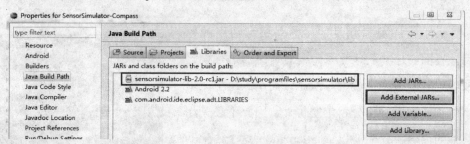

图 9-13　添加支持仿真传感器的类库

（2）感应器模拟类库

在项目的包中加入如下几条 import：

```
01 import org.openintents.sensorsimulator.hardware.Sensor;
02 import org.openintents.sensorsimulator.hardware.SensorEvent;
03 import org.openintents.sensorsimulator.hardware.SensorEventListener;
04 import org.openintents.sensorsimulator.hardware.SensorManagerSimulator;
```

需要注意的是，其中第 01～03 行所导入的类与原本的

```
import android.hardware.Sensor;
import android.hardware.SensorEvent;
import android.hardware.SensorEventListener;
```

这三条是相冲突的，也正因为如此，模拟器才能够接收到相应的数据，而新

导入的 Sensor ManagerSimulator 包与原有的 SensorManager 却是可以并存的。也可以说，SensorManager 包仍然是新版本项目所需要的包，这是因为它还提供了可供使用的一些具名常量。因此，在导入了 4 个新的类之后，删除与之冲突的 3 个类的导入就可以了。

（3）修改 AndroidManifest.xml

由于手机需要通过网络连接到 SensorSimulator，因此需要在 AndroidManifest.xml 加入对网络的使用权限：

```
<uses-permission android:name="android.permission.INTERNET"> </uses-permission>
```

（4）修改 SensorManager 相关代码

需要替换获取 SensorManager 实例的代码，因为 SensorManager 是用于管理传感器的，而原有的获取其实例的方法显然不能用于仿真出来的传感器，因此替换：

```
mSensorManager = (SensorManager) getSystemService(SENSOR_SERVICE);
```

为如下代码：

```
mSensorManager = SensorManagerSimulator.getSystemService(this, SENSOR_SERVICE);
```

从而获取到用于管理仿真出来的传感器的 SensorManager。之后，需要通过如下方法使得该应用程序连接到 SensorSimulator：

```
mSensorManager.connectSimulator();          //连接到仿真器
```

注意：连接成功的条件是正确地在 SensorSimulatorSettings 进行了成功的连接，否则可能出现在项目中不能够获取到传感器数据的情况，如果遇到没有反应的情况，应该先检查 SensorSimulatorSettings。

最后还需要一项极小的改动，由于所有传感器都是仿真出来的，因此 SensorSimulator 所提供的 Sensor 类没有提供 getType() 方法，因此不能再通过 event.sensor.getType() 来获取传感器的类型，而是使用 event.type 的方式来获取。

（5）运行测试

经过上述修改后，就可以在模拟器上运行该示例了，代码为 SensorSimulator-Compass。经过这个过程我们可以发现，实际上对真正实现功能逻辑的代码并没有进行改动，因此也说明了使用模拟器开发与传感器相关的应用是可行的。在本书随后传感器相关的章节中，如没有特殊的说明，开发过程都将在模拟器上进行。下面通过截图来看一下指南针应用的模拟器版本的运行效果，分别展示两种不同朝向的情况，如图9-14和图9-15所示。

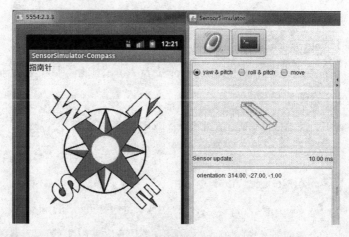

图9-14　指南针模拟状态1

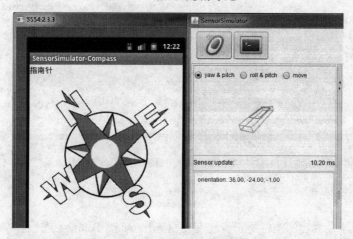

图9-15　指南针模拟状态2

9.5　利用传感器实现计步器功能

9.4节介绍了如何借助方位传感器来实现指南针功能，并且进一步说明了如何使用模拟器来开发涉及传感器的应用程序，不过实现指南针功能时对数据的处理相对较简单，仅需要对传感器返回的值取负值即可，本节将带领大家实现另一个常用的并且稍微复杂的应用——计步器。

9.5.1　计步器介绍

什么是计步器呢？顾名思义，计步器就是用于计算一个人所走过的步数，市面上销售的一些计步器往往还带有其他一些非常丰富的功能，如估算一个人所消耗的能量、估算所走过的距离等。但这些功能都是建立在准确地测定了人所走的步数之上的，那么如何准确地测定步数呢？这就需要借助于传感器。如何处理、统计传感器的数据，就决定了测定步数的准确性。Android 提供了众多传感器的支持，实现一个简易的计步器当然也是手到擒来了。下面介绍在 Android 平台上实现一个简易的计步器应用。

9.5.2 计步器所需传感器分析

那么，实现一个计步器需要使用什么传感器呢？联想一下在使用计步器的时候手机会经历的状态——人往往会将手机置于衣物的口袋或者背包中，而人在步行时重心会有一点上下移动（以腰部的上下位移最为明显，所以通常推荐将计步器挂在腰带上，而对于手机，自然就建议放在距离腰部附近的位置）。

因此，我们可以将每一步的运动简化为一种上下运动。这时 SensorSimulator 就能够发挥作用了，打开 SensorSimulator，使所有可能产生反应的传感器（一些传感器，如温度传感器、压力传感器、亮度传感器等可以直接排除）将这种运动施加到 SensorSimulator 的手机模型上，然后观察这些传感器所传回数值的变化，可以发现，其中 Accelerometer 和 Linear-accerleration 这两种传感器的第三个数值变化与对手机施加的动作之间有着相近的频率，再结合传感器的实际功能，就可以确定是这两类传感器可以用于实现计步器的功能。

而 Accelerometer 和 Linear-Accerleration 这两个传感器之间又有什么样的关系呢？下面简要地介绍一下 Accelerometer、Gravity 和 Linear-Accerleration 这三个传感器。

（1）加速度传感器——Accelerometer

加速度传感器所测量的是所有施加在设备上的力所产生的加速度（包括了重力加速度）的负值（这个负值是参照图 9-1 的世界坐标系而言的，因为默认手机的朝向是向上，而重力加速度则朝下，这里所取为负值可以与大部分人的认知观念相符——即手机朝上时，传感器的数值为正）。加速度所使用的单位是 m/s^2，其更新时所返回的 SensorEvent.values[] 数组的各值含义分别为：

- SensorEvent.values[0]：加速度在 x 轴的负值。
- SensorEvent.values[1]：加速度在 y 轴的负值。
- SensorEvent.values[2]：加速度在 z 轴的负值。

例如：

- 当手机屏幕朝上静止地放在水平桌面上（可称为标准姿态）时，此时 values[2] 的值将会约等于重力加速度 g（9.8m/s²）。
- 若手机的状态不是标准状态，那么数组 values[] 的值分别为重力加速度在各方向上的分量。
- 当手机以标准姿态做竖直的自由落体运动时，此时各方向加速度将为 0。
- 当手机向上以 2m/s² 的加速度做直线运动时，values[2] 的值为 11.8m/s²。

（2）重力加速度传感器——Gravity

重力加速度传感器，其单位也是 m/s²，其坐标系与加速度传感器一致。当手机静止时，重力加速度传感器的值和加速度传感器的值是一致的，从 SensorSimulator 上很容易观察到这一点。

（3）线性加速度传感器——Linear-Acceleration

这个传感器所传回的数值可以通过如下公式清楚地了解：

```
accelerometer = gravity + linear-acceleration
```

如上所述，可知 Accelerometer 和 Linear-Accerleration 传感器在本例中几乎可以发挥相同的作用，结合图 9-3 所获取的一款真机的传感器列表，该款真机仅支持两者中的 Accerlerometer，可以略做推断，Accerlerometer 可能是较 Linear-Accerleration 更普及的一种传感器，因此本例决定使用 Accerlerometer 传感器来实现计步器的功能。其实，如果某一款手机不支持 Accerlerometer 而是支持 Linear-Accerleration 传感器，通过少量的修改即可使计步器程序变为使用 Linear-Accerleration 的版本。

9.5.3 计步器功能实现

计步器功能实现包括以下三部分：① 实现判断走一步的逻辑；② 注册和使用加速度传感器；③ 将计步结果显示到用户界面。

（1）实现判断走一步的逻辑

由于示例是在模拟器上完成的，所以此处对走路的情景做了简化：假定在走路的过程中手机保持在标准姿态，即如图 9-15 所示的状态，并将手机的运动轨迹简化为竖直方向上的来回运动，那么这时加速度传感器的 values[2] 值将会随着每一步的动作而发生周期性的变化。因此，计步器的核心逻辑就是依据 values[2] 值的变化来判定是否完成了走一步的动作。判断走一步的代码如下：

```
01    private static final float GRAVITY = 9.80665f;
02    private static final float GRAVITY_RANGE = 0.001f;
03    //存储一步的过程中传感器传回值的数组便于分析
04    private ArrayList<Float> dataOfOneStep = new ArrayList<Float>();
```

其中，第 01、02 行代码定义了两个常量，GRAVITY 代表了标准的重力加速度值，而 GRAVITY_RANGE 是一个用于忽略极小的加速度变化的常量，即只要与 GRAVITY 值相差在该值的范围内时，就认为还是处于标准的重力加速度状态下，可以认为是一种"防抖动"措施；第 04 行定义了一个 ArrayList 类型的对象 dataOfOneStep 用于存储一段连续的传感器数值以供分析使用。

实现判断走一步逻辑的代码如下：

```
01  /**
02   * 判断是否完成了一步行走的动作
03   * @param newData 传感器新传回的数值（values[2]）
04   * @return 是否完成一步
05   */
06  private boolean justFinishedOneStep(float newData){
07      boolean finishedOneStep = false;
08      dataOfOneStep.add(newData);//将新数据加入到用于存储数据的列表中
09      dataOfOneStep = eliminateRedundancies(dataOfOneStep);//消除冗余数据
10      finishedOneStep = analysisStepData(dataOfOneStep);
        //分析是否完成了一步动作
11      if(finishedOneStep){       //若分析结果为完成了一步动作，则清空数组，并
                                    返回真
12          dataOfOneStep.clear();
13          return true;
14      }else{                    //若分析结果为尚未完成一步动作，则返回假
15          if(dataOfOneStep.size() >= 100){       //防止占资源过大
16              dataOfOneStep.clear();
17          }
18          return false;
19      }
20  }
```

① justFinishedOneStep()方法则用于根据 analysisStepData()方法所返回的值来进行相应的事务处理：向调用方返回是否完成一步，并且维护 dataOfOneStep 的数据。

```
01  /**
02   * 分析数据子程序
03   * @param stepData 待分析的数据
```

```
04  * @return 分析结果
05  */
06  private boolean analysisStepData(ArrayList<Float> stepData){
07  boolean answerOfAnalysis = false;
08  boolean dataHasBiggerValue = false;
09  boolean dataHasSmallerValue = false;
10  for(int i=1; i<stepData.size()-1; i++){
11  if(stepData.get(i).floatValue() > GRAVITY + GRAVITY_RANGE){
    //是否存在一个极大值
12  if((stepData.get(i).floatValue() > stepData.get(i+1).floatValue()) &&
13              (stepData.get(i).floatValue() > stepData.get(i-1).
                floatValue())){
14          dataHasBiggerValue = true;
15      }
16      }
17  if(stepData.get(i).floatValue() < GRAVITY - GRAVITY_RANGE){
    //是否存在一个极小值
18      if((stepData.get(i).floatValue() < stepData.get(i+1).floatValue
            ()) &&
19              (stepData.get(i).floatValue() < stepData.get(i-1).
                floatValue())){
20          dataHasSmallerValue = true;
21      }
22      }
23      }
24  answerOfAnalysis = dataHasBiggerValue && dataHasSmallerValue;
25      return answerOfAnalysis;
26  }
```

② analysisStepData()方法用于分析当前的 dataOfOneStep 列表中的数据是否被判别为完成了一步的动作，若分析结果判定刚完成了一步，则返回真，反之返回假。

```
01  /**
02   * 消除 ArrayList 中的冗余数据，节省空间，降低干扰
03   * @param rawData 原始数据
04   * @return 处理后的数据
05   */
06  private ArrayList<Float> eliminateRedundancies(ArrayList<Float>
    raw Data){
07      for(int i=0; i<rawData.size()-1 ;i++){
08          if((rawData.get(i) < GRAVITY + GRAVITY_RANGE) && (rawData.
                get(i) >
09              GRAVITY - GRAVITY_RANGE) && (rawData.get(i+1) < GRAVITY +
```

```
10              GRAVITY_RANGE) && (rawData.get(i+1)>GRAVITY-GRAVITY_
                RANGE)){
11                  rawData.remove(i);
12          }else{
13              break;
14          }
15      }
16      return rawData;
17  }
```

③ eliminateRedundancies()方法的作用是消除列表 dataOfOneStep 中冗余的数据，具体做法是从列表中移除列表前端的重复数据，这些重复数据产生的原因是一段时间内没有进行任何动作，使得传感器按一定频率传回大量与 GRAVITY 相近的数值，该方法是为了防止 dataOfOneStep 的数据量变得过大。

上述代码一共实现了用于判断一步的三个方法，即：

private boolean justFinishedOneStep(float newData)

rivate boolean analysis StepData(ArrayList<Float> stepData)

private ArrayList<Float> eliminateRedundancies (Array List<Float> rawData)

其中的调用关系为 justFinishedOneStep() → analysisStepData() → eliminateRedundancies();

有了如上所述的判断逻辑之后，就可以进一步实现计步器了。

（2）注册和使用加速度传感器

注册和使用加速度传感器的代码如下：

```
01  private SensorManagerSimulator mSensorManager;
02  private Sensor mAccelerometer;
03  @Override
04  public void onCreate(Bundle savedInstanceState) {
05      super.onCreate(savedInstanceState);
06      setContentView(R.layout.main);
07      stepcount = (TextView)findViewById(R.id.stepcount);
08      debug = (TextView)findViewById(R.id.debug);
09      mSensorManager=SensorManagerSimulator.getSystemService
            (this,SENSOR_SERVICE);
10      mAccelerometer=mSensorManager.getDefaultSensor(Sensor.
            TYPE_ACCELEROMETER);
11      mSensorManager.connectSimulator();          //连接到仿真器
12  }
13  protected void onResume() {
```

```
14        super.onResume();
15        mSensorManager.registerListener(this,mAccelerometer,
          Sensor Manager.SENSOR_DELAY_UI);
16    }
17
18    protected void onPause() {
19        super.onPause();
20        mSensorManager.unregisterListener(this);
21    }
22
```

获取传感器管理器对象、连接仿真器、注册和注销传感器等操作与前面指南针实现的相关操作类似。

（3）将计步结果显示到用户界面

将计步结果显示到用户界面的代码如下：

```
01    public void onSensorChanged(SensorEvent event) {
02        switch(event.type){
03         case Sensor.TYPE_ACCELEROMETER:{
04            Log.v(TAG,"values[0]-->"+event.values[0]+",values
              [1]-->"+
05                    event.values[1]+",values[2]-->" + event.
                      values[2]);
06            debug.setText("values[0]-->" + event.values[0] +
              "\nvalues [1]-->" +
07                    event.values[1] + "\nvalues[2]-->" + event.
                      values[2]);
08            if(justFinishedOneStep(event.values[2])){
09                stepcount.setText((Integer.parseInt(stepcount.
                    getText().toString())+1)+"");
10            }
11            break;
12        }
13         default:
14            break;
15        }
16    }
```

显示结果的代码包含在传感器的回调方法 onSensorChanged()中，其中第 08～10 行是根据对传感器传回数据的分析结果，来判断是否给计步数加 1。到此为止就实现了一个简易的计步器应用。

9.5.4 计步器实现效果

通过前面几步所实现的计步器效果如图 9-16 所示。配套示例项目为 SensorSimulator-Pedometer。

9.5.5 示例说明

本例是为了方便说明传感器的使用而建立的，因此在实际使用时可能会存在误差或者失效，因为计步这个看似简单的功能，如果要做到非常精确，需要进行大量的数据统计和分析，从中得出人们行走的特点，才能够准确地测量出步数。这不在本书的讨论范围之内，如果读者有兴趣，不妨进行更深入的研究。

图 9-16　计步器运行效果

课后习题

1．列举在一些常用的应用中使用到的传感器，并说明其工作原理。

2．结合第 6、7 章的内容，实现一个播放器，可以通过摇晃手机来切换歌曲。

3．在第 2 题的基础上，增加一个能够使得手机在正面朝下并且正面贴着桌面的情况下静音的功能。

4．实现一个滚珠游戏，使得屏幕中存在一个滚珠，该滚珠会自动朝地心引力方向移动。

5．在第 4 题的基础上，为滚珠的移动加入适当的加速度控制，使得滚珠的滚动符合常理。

6．当手机的光线传感器被遮挡时，关闭屏幕。

第10章

Google Map API

10.1 在 Google Map 上使用 GPS 定位

谷歌（Google）为 Android 提供了专用的 Map API，配合 Google 所拥有的极其丰富的地图、卫星图像、街景图像等资源，在 Android 上开发与地理信息结合的应用拥有着其他平台无可比拟的优势。与 Map 关联最大的功能则是 GPS。GPS（Global Positioning System）即全球定位系统，从最早的用于军事用途，到现在已经越来越广泛地应用在了个人用途上，如常见的车载 GPS 导航仪、智能手机上的 GPS 应用等。GPS 定位是基于卫星的，因此又被称为全球卫星定位系统，用于 GPS 的卫星通常运行在中距离的圆形轨道上，可以为地球表面绝大部分地区提供准确的定位、测速和高精度的时间标准。由于 GPS 的实用性，越来越多的智能手机开始支持 GPS，Android 也不例外，GPS 几乎是每个搭载 Android 平台手机的必备功能。本节将介绍如何开发具有地图和 GPS 功能的应用。

10.1.1 Google Play services 的安装

为了能够使用 Google Map API 开发应用程序，首先，需要在 SDK Manager 里下载使用 Google Play services 的 SDK 包，Google Maps Android API 是作为这个 SDK 的一部分发行的。这个 SDK 包目前主要用于开发包含谷歌地图、Google+等谷歌版权所有的应用程序。在 SDK Manager 中确保下载好一套 SDK Platform + Google Play services，如图 10-1 所示。

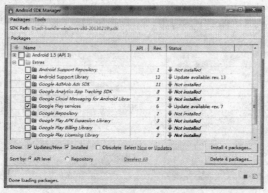

图 10-1 下载 Google Play services

Google Map API

10.1.2 Google Play services 开发文档

下载好的 Google Play services SDK 可以在<android-sdk>/extras/ google 目录下找到,这个目录下存放的是不属于标准的 Platform SDK 的。如果已经在前面所说的步骤中正确安装了 Google Play services,那么就可以在该目录下找到类似 google_play_services 的目录,该目录下包括了为模拟器所使用的已编译镜像、API 类库、示例和 API 文档,对开发人员来说最有用的就是位于 docs 目录下的开发文档了,用浏览器打开 docs/reference/index.html 文件就可以看到相关的 Package 文档,如图 10-2 所示。其中在 Google Maps 中主要使用的是 com.google.android.gms.maps 和 com.google.android.gms.maps.model 这 2 个包。

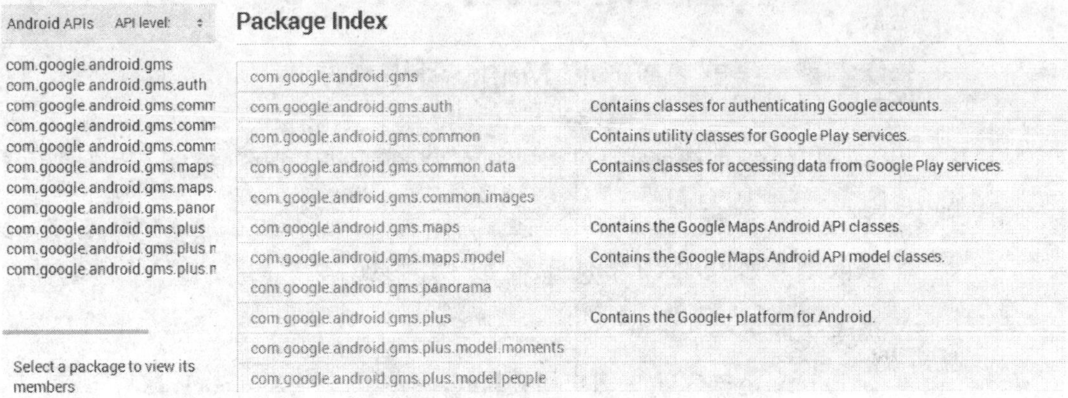

图 10-2 Google Play services 开发文档

读者可以通过自行阅读该开发文档并结合其提供的 sample 来尝试使用 API。

10.1.3 配置开发环境

下载完开发所需的包以及工具之后,当我们尝试运行下载的 SDK 中自带的示例的时候,并不能在设备上显示出预期的地图。这是为什么呢?难道官方所提供的这个示例存在错误吗?其实不是的,出于某些原因(例如防止 Google 地图的 API 被滥用),Google 要求每一个使用该 API 的产品必须申请一个唯一的 API Key 作为凭证,这个 API Key 是根据开发者所使用的计算机的"指纹"来确定的,所以每一台计算机会分配到一个唯一的 API Key,这个 API Key 需要在 MainActivity 的 android:value 属性中进行指定,对于本书中的 MapDemo 示例,则是在

AndroidManifest.xml 文件中进行指定的，AndroidManifest.xml 的添加 API Key 的关键代码如下，其中字体加粗的一行即为需要填入 API Key 的地方，API Key 的申请将在下一步中进行说明。

```xml
<?xml version="1.0" encoding="utf-8"?>
<manifest xmlns:android="http://schemas.android.com/apk/res/android"
    package="com.example.mapdemo"
    android:versionCode="1"
android:versionName="1.0" >
... ...
<meta-data
        android:name="com.google.android.maps.v2.API_KEY"
        android:value="AIzaSyB3Zoyzqiy1jO223IQ-Zd2nxJL8axL_7YA"/>
... ...
    </LinearLayout>
```

10.1.4 获取 Android Maps API Key

申请 API Key 的地址在：https://code.google.com/apis/console/，具体的步骤如下：

- 获取计算机的 SHA-1 fingerprint 码，作为数字证书的一个简短代表，同时准备好 package name 备用
- API Key 是与 Google 账户相关联的，所以需要注册 Google 账号
- 到前面提供的网址提交该 SHA-1 fingerprint 码和包名，获取 API Key

下面结合图例来具体进行说明。

1. 复制 keystore 路径

在输入命令之前，先需要获取到本机的 keystore 文件的路径，该文件也将成为生成认证指纹的一个依据，keystore 文件路径可以在 Eclipse 的 Preferences 下找到，依次选择 Window→Preferences→ Android→Build，进入如图 10-3 所示界面时，复制 Default debug keystore 对应的内容待用，该内容即 debug.keystore 文件的绝对路径。

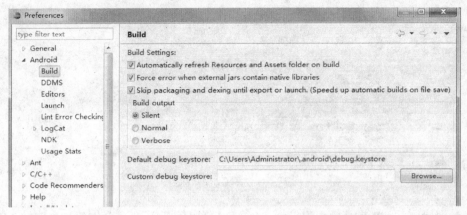

图 10-3　获取 debug.keystore 的路径

2. 生成认证指纹

首先打开命令提示符，输入：

```
keytool -list -v -keystore "C:\Users\Administrator\.android\ debug.keystore" -alias androiddebugkey -storepass android -keypass android
```

其中黑体部分需要替换成第（1）步中得到的内容，后面的 –storepass android –keypass android 是设置密码的参数，可以任意填写。回车后，将会得到"认证指纹"，如图 10-4 所示，每台电脑的认证指纹码都是唯一的，复制该串数据（此处是 43:1A:94:3B:21:CD:94:92:4D:1E:11:29:6B:2C:BC:62:0C:D9:B8:E2）备用。

图 10-4　得到认证指纹

3. 生成 API Key

进入 https://code.google.com/apis/console/ 页面，如果没有登录 Google 账户，则会提示登录账户后再进行操作，如果你没有 Google 账户就需要先申请一个，如图 10-5 所示。

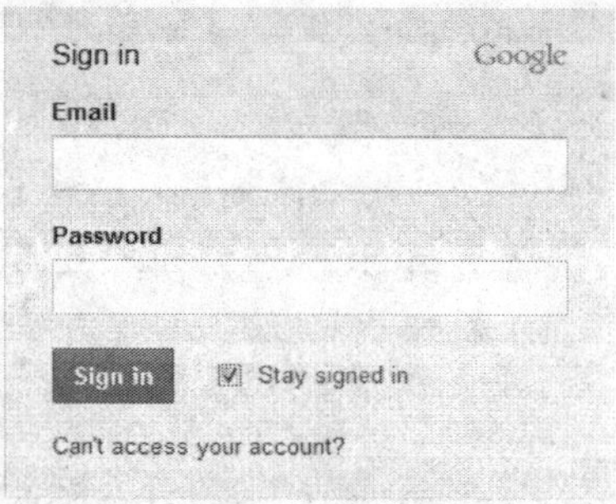

图 10-5　登录 Google 账户

登录之后，如果是第一次的话，需要创建项目，默认情况会创建一个叫做 API Project 的项目。在左侧菜单栏选择 Services，会在右侧看到很多的 APIs 和 Services，找到"Google Maps Android API v2"并将其设置成"ON"的状态，需要接受一些服务条款。如图 10-6 所示。

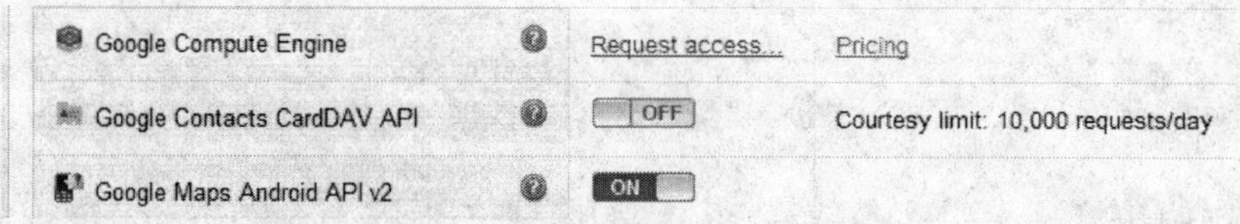

图 10-6　将 Google Maps Android API v2 设置成 ON

再次在左边的导航条中选择"API Access"，在右侧的新页面中单击"Create New Android key..."，如图 10-7 所示。在新弹出的对话框中输入第（2）步中获取的 SHA-1 fingerprint 码以及准备好的包名，注意要用一个分号隔开。之后单击"Create"按钮创建一个 API Key。如图 10-8 所示，图中说明了密钥与证书验证和包名的关系。

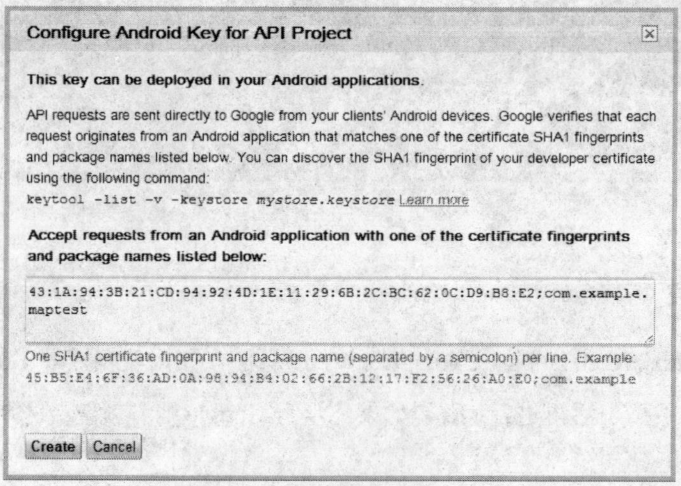

图 10-7　填入 SHA-1 码以及包名

```
Key for Android apps (with certificates)
API key:       AIzaSyBKMyhTSefTJ1Jy7APN7t5j4Kxf6oXQBLs
Android apps:  43:1A:94:3B:21:CD:94:92:4D:1E:11:29:6B:2C:BC:62:0C:D9:B8:E2;com.example.maptest
Activated on:  Apr 14, 2013 5:02 AM
Activated by:  fzhmovie@gmail.com – you
```

图 10-8 获取到的 API Key

需要注意的是，该 API Key 只适用于当前用于申请的计算机，如果你的开发工作转移到了另一台计算机上，此时就需要重新申请一个 API Key，通常当你在自己开发的应用中发现地图是空白时，排除了网络的原因，那么很大的可能就是因为使用了不配套的 API Key 所致。另外，由于前面申请的 API Key 是根据 debug.keystore 生成的，因此该 API Key 也只适用于开发测试，如果要正式发布应用则须首先生成一个非测试的 keystore，然后获取 API Key，非测试的 keystore 可以使用 eclipse 生成。

10.1.5 把 API Key 加入应用程序

首先，建立一个"Android Application Project"，注意包名应该和申请 Key 时候的包名一致。

一个使用 Google Maps Android API 的 Android 程序需要在其 manifest（AndroidManifest.xml）中设定以下设置：

- 地图应用中需要的访问权限。
- 程序需要 OpenGL ES version 2 支持的通知。外部服务 能检测这个通知并进行相应动作。
- Maps API 密钥。密钥保证你已经在 Google APIs 控制台注册了 Google Maps 服务。

1. 访问权限

为使用 Google Maps Android API，以下权限必须添加：

android.permission.INTERNET 被 API 用来从 Google Maps 服务器下载地图块。

com.google.android.providers.gsf.permission.READ_GSERVICES 允许 API 访问 Google 基于 Web 的服务。

android.permission.WRITE_EXTERNAL_STORAGE 允许 API 将地图块数据缓存在设备的外部存储区。

以下权限用于用户当前位置的定位，推荐使用，但如果你的程序不涉及这些应用，或是你希望通过 My Location layer 打开，可以不加。

android.permission.ACCESS_COARSE_LOCATION 允许 API 使用 WiFi 或电信 cell 数据 (或都用)来定位设备位置。

android.permission.ACCESS_FINE_LOCATION 允许 API 使用全球定位系统 (GPS) 来精确定位设备位置。

具体的代码如下：

```
<uses-permission android:name="android.permission. INTERNET"/>
<uses-permission android:name="android.permission.WRITE_EXTERNAL_STORAGE"/>
<uses-permission android:name="com.google.android.providers. gsf.permission.READ_GSERVICES"/>
 <uses-permission android:name="android.permission.ACCESS_ COARSE_ LOCATION"/>
<uses-permission android:name="android.permission.ACCESS_ FINE_ LOCATION"/>
```

2. OpenGL ES version2

因为 Google Maps Android API v2 需要 OpenGL ES version 2 的支持，你必须加入一个 <uses-feature> 元素作为 <manifest> 的子节点：

```
<uses-feature
   android:glEsVersion="0x00020000"
   android:required="true"/>
```

它通知外部服务需求，特别它有防止 Google Play Store 在不支持 OpenGL ES version 2 的设备上打开你应用的效果。

3. 添加 Maps API 密钥

在 AndroidManifest.xml 中添加如下元素作为 <application> 元素的子节点，插入点需要刚好在标识</application>之前。

API Key 的使用示例（在 AndroidManifest.xml 中）：

```
<meta-data
 android:name="com.google.android.maps.v2.API_KEY"
  android:value="your_api_key"/>
```

your_api_key 代表之前获取的 API 密钥。

除此之外还需要在你的 AndroidManifest.xml 中添加如下元素，用你的包名

Google Map API

代替 com.example.mapdemo。

API key 的使用示例（在 AndroidManifest.xml 中）：

```
<permission android:name="com.example.mapdemo.permission. MAPS_RECEIVE"
android:protectionLevel="signature"/>
<uses-permission android:name="com.example.mapdemo.permission. MAPS_
RECEIVE"/>
```

在 Google 推出的 V2 版本，其最大的特点是提供了 MapFragment 对象，开发者可以将 Map 当做一个普通的 Fragment 一样，嵌入到自己的 App 中。

V2 版本的 MapFragment 就很大程度地解决了之前 V1 版本对开发者的束缚。MapFragment 是 Fragment 的一个子类，注意是 android.app.Fragment，不是 android.support.v4.app.Fragment，这两个 Fragment 应用层面对开发者没有区别，只是 android.app.Fragment 在新的 API 包中，要求最低的 API level 是 13，这就意味着要使用 MapFragment，一些低版本的设备就没法支持了。

为了支持这种改变，需要在 main.xml 中加入以下 fragment 标签。

```
<fragment
    android:id="@+id/map"
    android:layout_width="match_parent"
    android:layout_height="match_parent"
    class="com.google.android.gms.maps.SupportMapFragment"
/>
```

上面的设置中是针对新建的一个新的工程，在本例中可以直接导入书本附带的工程来直接使用，只需要修改 API Key 即可。通过 New→Android Project→选择 Create project from existing sample→选择 MapDemo→Finish 完成项目的创建，本章随后的功能实现都是在该示例的基础上增加而来的，因此建议读者在学习本节时，也在该项目的基础上根据每节所介绍的内容一步一步对其进行修改，达到书中所介绍的相似的效果，最终的版本为配套项目中的 MapDemo。

10.1.6 添加 Google Play services 类库的引用

Google Maps API 已经作为 Google Play services 的一部分整合进去了，因此，需要使用 Google Maps API 的相关函数是需要添加 Google Play services 类库的引用，具体步骤如下。

1）在 Eclipse 里面选择："File → Import → Android → Existing Android Code Into Workspace"然后单击"Next"按钮。再单击"Browse..."按钮找到路径下的

<android-sdk-folder>/extras/google/google_play_services/libproject/google-play-services_lib,然后单击"Finish"按钮。

2）添加对这个库的引用：在自己的项目上右击，选择"Properties"，左边选"Android"，然后在下面的 Library 里面单击"Add..."按钮添加刚才的 google-play-services_lib。见图 10-9，其中"Is Library"不要勾选。

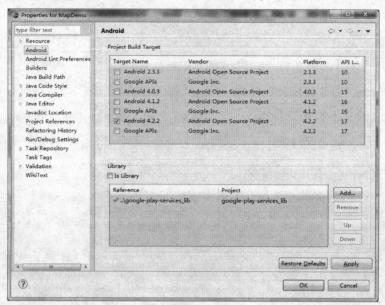

图 10-9　添加对 google-play-services_lib 的引用

3）导入 android-support-v4.jar 包。

在 Eclipse 里面选择："File → Build Path →Configure Build Path → Add External JARs"，之后找到路径下的<android-sdk-folder>\extras\android\support\v4，然后选择 android-support-v4.jar 包，如图 10-10 所示。

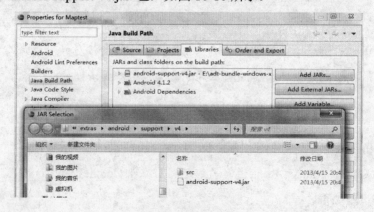

图 10-10　导入 android-support-v4.jar 包

10.1.7 尝试运行工程

通过"New→Android Project",选择"Create project from existing sample"→"Google APIs"→"MapDemo"→"Finish"完成项目的创建。

将该项目直接作为 Android Application 运行,真机测试时会出现如图 10-11 所示的界面,然而,这个界面中并没有出现预期的地图。

这是为什么呢?难道我们之前的配置存在错误吗?其实不是的,因为 Google Maps V2 需要 Google Play Services 的支持,而 Android 真机中可能没有安装 Google Play 商店这款应用,因此不能显示出地图。单击图 10-11 中"获取 Google Play 服务"按钮或者从网络上下载一款 Google Play Services 应用,安装在手机上。运行 Google Play 服务要绑定 Google 账号,该账号可以使用申请 API Key 时的账号,也可使用另外的 Google 账号。

下载好 Google Play Services 并绑定账号之后,重新运行 MapDemo,可以看到已经能够正常显示出地图了,如图 10-12 所示。

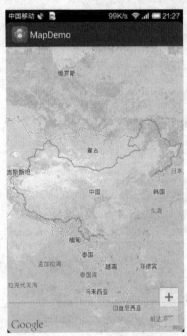

图 10-11 空白的地图　　　　图 10-12 正确显示出地图

10.1.8 为示例添加 GPS 位置获取功能

如同 9.1 节所介绍的传感器传回数值一样,GPS 最核心的数据就是依据卫星所确定的经纬度数据,然而仅仅得到一个经纬度的数据并不能够直观表现为"位置",必须结合地图才能够将经纬数值代表的地点标示出来,所以经过前面一系列的相应修改之后,MapDemo 已经能够正确地显示出地图,有了地图的显示就能够将获取的 GPS 数据直观反映到视图上去了。接下来为示例增加 GPS 位置获取的功能。

1. 实现 LocationListener 接口

如何才能够获取由 GPS 模块所获取的 GPS 数据呢?这就需要一个实现了 LocationListener 接口的类,LocationListener 接口的 onLocationChanged()方法将会在 GPS 模块传回新的数值时被回调,并将新的 GPS 数据作为参数传入。LocationListener 接口所包含的方法如下:

```
public abstract void onLocationChanged (Location location); //当地点发生改变时被调用
public abstract void onProviderDisabled (String provider);//当GPS 的provider 被禁用时被调用
public abstract void onProviderEnabled (String provider);//与上一方法相反
public abstract void onStatusChanged (String provider, int status, Bundle extras);//当GPS 状态发生改变时被调用
```

为此,新建一个名为 MyLocationListener 的类并使其实现 LocationListener 接口,该类的功能是当 GPS 数据更新时,在手机界面上显示一个 Toast 消息框,消息内容为新的位置经纬度,并且将地图定位至新的 GPS 数据所代表的地点。代码如下:

```
01  public class MyLocationListener implements LocationListener
02  {
03      private Context context;
04      private GoogleMap mMap;
05
06      public MyLocationListener(Context context, GoogleMap mMap){
07          this.context = context;
08          this.mMap = mMap;
09          mMap.setMyLocationEnabled(true);
10      }
11
12      @Override
13       public void onLocationChanged(Location loc) {
14          double latitude = loc.getLatitude();
15          double longitude = loc.getLongitude();
16          LatLng latLng = new LatLng(latitude, longitude);
17              mMap.moveCamera(CameraUpdateFactory.newLatLng(latLng));
```

```
18              mMap.animateCamera(CameraUpdateFactory.zoomTo(15));
19      Toast.makeText(context, "当前位置纬度:" + latitude + ",经度:"+
        longitude, Toast.LENGTH_LONG).show();
20          }
21
22      @Override
23      public void onProviderDisabled(String provider) { }
24      @Override
25      public void onProviderEnabled(String provider) { }
26       @Override
27       public void onStatusChanged(String provider, int status, Bundle
         extras) { }
28          }
```

其中，第 06 行 MyLocationListener 的构造方法需要传入应用上下文 context、需要更新的 GoogleMap 作为参数；第 14～16 行的作用是获取新的 GPS 位置数据；第 17、18 行使地图的中心点移至新的 GPS 位置；第 19 行则是用于显示一条包含新的经纬度信息的 Toast 消息。

2. 在 MainActivity 中注册 MyLocationListener

在上一步中已经实现了 MyLocationListener，通过它就能够监听到 GPS 数据的改变，要使用监听器，则需要在 MainActivity 这个 Activity 里对该监听器进行注册，注册监听器通过 LocationManager 完成，监听器注册成功后，Activity 就能够按一定的频率接收到位置的改变。代码如下：

```
01      context = getBaseContext();//获取应用程序上下文环境
02      locationManager = (LocationManager) getSystemService(Context.
        LOCATION_SERVICE);//获取位置管理器
03      locationListener = new MyLocationListener(context, mMap);
        //新建位置监听器对象
04      locationManager.requestLocationUpdates(LocationManager.GPS_
        PROVIDER, 0, 0, locationListener);//注册位置监听器
```

其中，第 04 行就是具体注册监听器的代码，该方法的原型是：

```
requestLocationUpdates(String provider, long minTime, float minDistance,
LocationListener listener)
```

- provider：需要注册的 provider 的名称；
- minTime：最小的更新时间间隔；
- minDistance：最小的更新距离；
- listener：每次更新时，该监听器的 onLocationListener()方法将会被调用。

3. 初始化 MainActivity

初始化包括了设定是否使用默认的缩放按钮、设定地图的默认缩放等级，对初始位置进行初始化等，初始化的代码如下：

```
01  mMap = ((SupportMapFragment) getSupportFragmentManager().
        findFragmentById(R.id.map)).getMap();
02  mMap.getUiSettings().setZoomControlsEnabled(true);
    //使用默认的缩放按钮
03  mMap.animateCamera(CameraUpdateFactory.newLatLngZoom(new
        LatLng(30.74874716,103.92412895), 15));
04  mMap.setMyLocationEnabled(true);
```

上段代码中，第 01 行中初始化 mMap 对象；第 02 行设置了使用系统默认的缩放按钮；第 03 行设置了默认的缩放等级并将地图的中心点移动到预设的一个位置。图 10-13 中为设置的默认初始位置，图 10-14 中为移动之后的位置；通过观察经纬度信息可以发现 GPS 正在运行。同时也可以观察通知栏，发现多了一个图标（见图 10-13 和图 10-14 中位于"中国移动"字样右方的一个圆形标志）这就是 GPS 正在被使用的标志。单击右上角的圆形按钮，地图中心会转移到当前地理位置。

图 10-13 开始位置　　　　　　图 10-14 移动之后

10.2 在 MainActivity 上标记位置

在 10.1 节中介绍了如何通过获取 GPS 数据来定位至新的地点，在实际应用中经常会遇到此类需求,就是在地图上面进行标记,包括使用地标标记地点,或者使用弹出气泡来显示相关信息。

10.2.1 标记效果

需要实现的标记效果如图10-15~图10-18所示。

图10-15　在地图上显示地标

图10-16　默认窗口格式

图10-17　定制内容窗口格式

图10-18　定制窗口格式

10.2.2 显示地标

要在地图上显示一个地标(图片),需要使用到GoogleMap类中的addMarker()函数,该函数的参数为一个MarkerOptions类型的变量,返回一个Marker类。Marker

类是一个地标类，MarkerOptions 类是用来设置地标的各种属性，以此来产生各种不同地标的效果。本实例中，在地图上手动添加四个地标（其中 mBus 地标的 icon 是一个给定的图片，其他三个地标的 icon 是使用默认的位图），代码如下：

```
01    private Marker mBus;
02    private Marker mHospital;
03    private Marker mUestc;
04    private Marker mDraggable;
05    private static final LatLng DRAGGABLE = new LatLng(30.74982095654968,
        103.92654418945312);
06    private static final LatLng HOSPITAL = new LatLng(30.757725790579926,
        103.92915335382465);
07    private static final LatLng BUS = new LatLng(30.7547, 103.9258);
08    private static final LatLng UESTC = new LatLng(30.751088706551645,
        103.93081963062238);
09    private void addMarkersToMap() {
10        mUestc = mMap.addMarker(new MarkerOptions()
11            .position(UESTC)
12            .title("学校")
13            .snippet("电子科技大学：1956")
14 .icon(BitmapDescriptorFactory.defaultMarker(BitmapDescriptorFactory.HUE_GREEN)));
15
16        mBus = mMap.addMarker(new MarkerOptions()
17            .position(BUS)
18            .title("公交站")
19            .snippet("阳光地带")
20            .icon(BitmapDescriptorFactory.fromResource(R.drawable.arrow)));
21
22        mHospital = mMap.addMarker(new MarkerOptions()
23            .position(HOSPITAL)
24            .title("电子科技大学")
25            .snippet("校医院")
26 .icon(BitmapDescriptorFactory.defaultMarker(BitmapDescriptorFactory.HUE_VIOLET)));
27
28        mDraggable = mMap.addMarker(new MarkerOptions()
29          .draggable(true)
30          .position(DRAGGABLE)
31          .title("可拖动的图标")
32          .snippet("长按住然后拖动，看发生什么")
33 .icon(BitmapDescriptorFactory.defaultMarker(BitmapDescriptorFact
```

```
        ory.HUE_CYAN)));
34    }
```

如代码所示，01～04 行声明四个地标 Marker 类；05～08 行定义了四个地理位置点，与四个地标相对应；09 行是向地图中添加地标的函数 addMarkersToMap()；

10～33 行是添加四个地标的代码，其中第 10、16、22 和 28 行中的 addMarker() 函数在地图上添加一个地标，返回的值赋值给四个地标类；第 11～14 行分别是通过 MarkerOptions 类中的函数来设置地标的地理位置、标题、简介和地标的图标。mDraggable 地标除了设置了那四个属性之外还设置了一个 draggable() 的是否可以拖动的属性，长按住地标然后就可以拖动了。MarkerOptions 类所包含的方法如表 10-1 所示。

表 10-1 MarkerOptions 类的方法

类 名	描 述
MarkerOptions draggable(boolean draggable)	设置地标是否可以移动
MarkerOptions icon(BitmapDescriptor icon)	设置地标的 icon
MarkerOptions position(LatLng position)	设置经纬度
MarkerOptions title(String title)	设置图标标题
MarkerOptions visible(Boolean visible)	设置图标是否可视
MarkerOptions snippet(String snippet)	设置该地标简介
MarkerOptions draggable(Boolean draggable)	设置图标是否可以移动
LatLng getPosition()	返回地标的地理位置的经纬度
String getSnippet()	返回该地标简介
String getTitle()	返回该地标标题
BitmapDescriptor getIcon()	返回地标的 icon

10.2.3 弹出式气泡

通常情况下仅仅在地图上显示出地标并不能满足需求，因为地标不能够为用户提供足够的信息，这时候就需要使用到弹出式气泡的功能，实现的功能是：用户通过单击地图上的标记来得到一个弹出的气泡框，在气泡框中为用户显示额外的地点信息。

可以很自然地想到，气泡的显示也是通过在 MainActivity 上添加覆盖在其上的 View 的方式来实现的，为此，需要定义 View 类型的对象来用于支持气泡的显示。GoogleMap 对气泡的显示支持三种不同的显示的风格，分别是默认的窗口信息、定制的内容信息和定制的窗口信息风格。当不设置窗口风格时，地图显示的是默认的窗口信息的风格，另外的两种风格需要通过重写 InfoWindowAdapter 类中的 getInfoWindow(Marker) 函数和 getInfoContents(Marker) 函数来实现。因此本例中定义了两个 View 类型的变量 mWindow 和 mContents 来分别显示那两种风格。定义了 View 类的对象之后,其次需要实现的是气泡内部的界面布局,与 Activity 的布局实现一样,气泡内部的布局也是通过 xml 文件来实现的,mWindow 的布局 custom_info_window.xml 和 mContents 的布局 custom_info_contents.xml 类似,这里只给出 custom_info_window.xml 的代码解释,代码如下:

```xml
01  <?xml version="1.0" encoding="UTF-8"?>
02  <LinearLayout xmlns:android="http://schemas.android. com/apk/res/android"
03    android:layout_width="wrap_content"
04    android:layout_height="wrap_content"
05    android:background="@drawable/bubble"
06    android:orientation="horizontal">
07    <ImageView
08      android:id="@+id/badge"
09      android:layout_width="wrap_content"
10      android:layout_height="wrap_content"
11      android:layout_marginRight="5dp"
12      android:adjustViewBounds="true">
13    </ImageView>
14
15    <LinearLayout
16      android:layout_width="wrap_content"
17      android:layout_height="wrap_content"
18      android:orientation="vertical">
19    <TextView
20      android:id="@+id/title"
21      android:layout_width="wrap_content"
22      android:layout_height="wrap_content"
23      android:layout_gravity="center_horizontal"
24      android:ellipsize="end"
25      android:singleLine="true"
26      android:textColor="#ff000000"
27      android:textSize="14dp"
28      android:textStyle="bold"/>
29    <TextView
30      android:id="@+id/snippet"
31      android:layout_width="wrap_content"
32      android:layout_height="wrap_content"
33      android:ellipsize="end"
34      android:singleLine="true"
35      android:textColor="#ff7f7f7f"
```

```
36              android:textSize="14dp"/>
37      </LinearLayout>
38 </LinearLayout>
```

其中,第 07~13 行指定在地标的气泡中显示的图片;第 19~28、29~36 行指定了两个 TextView,一个是气泡的标题,另外一个是气泡的简介。第 24 行是当文字超出 EditText 的长度时,设置尾部显示省略号,第 25 行是设置了 singleLine 属性,singleLine 属性比较简单,即指定该 TextView 是否可以显示多行文字,第 26 行设置了文本的颜色,第 27 行设置了文本的大小,第 28 行设置了文本的粗体显示。第二个 TextView 的设置跟第一个类似,这里不赘述。

(1) Draw 9-patch 工具的使用

第 05 行指定了该气泡的背景图像,图片的类型是 9.png,该类型图片可以根据一定的规则进行拉伸而不出现模糊,可以借助 Android SDK 提供的工具"Draw 9-patch"(<android-sdk>/tools/draw9patch.bat)来制作该类型的图片文件,简单地

图 10-19 原始图片

说,这种方式的拉伸就不是简单地在各个方向进行缩放,而是通过指定最多 9 个(也不一定是 9 个,本例中仅仅指定了 2 个)供拉伸的像素集合,在拉伸的时候通过复制这些像素集合来实现拉伸的效果,这样就避免简单缩放所造成的效果失真。如图 10-19 所示是从网络上随机找到的一张 png 图片,图 10-20 是在 Draw 9-patch 工具中对其进行编辑的截图,图 10-21 是对应于编辑的拉伸效果。

如图 10-20 所示,右半部分出现的禁止符号表示的是不能对图片的真实部分进行编辑,Draw 9-patch 工具在图片的周围额外添加了一个像素宽度的范围用于指定拉伸的范围,图 10-20 左半部分最外围的两条黑色线段所对应的两个截面则是用于拉伸的范围,图 10-21 所示的则是图像的 3 种不同的拉伸状态,请读者在实际的编辑过程中来体会这种拉伸机制的实现方式。

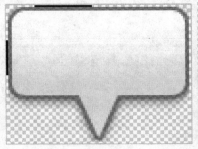

图 10-20 使用 Draw 9-patch 工具编辑图片

图 10-21 对应于图 10-20 所编辑的拉伸效果

（2）在 activity_main.xml 中添加 RadioGroup 控件

前面提到有三种气泡格式，因此，为了查看这三种气泡格式，在地图上添加一个 RadioGroup 控件，具体添加在 activity_main.xml 文件中，代码如下：

```xml
01  <?xml version="1.0" encoding="UTF-8"?>
02  <LinearLayout xmlns:android="http://schemas.android.com/apk/res/android"
03    android:layout_width="match_parent"
04    android:layout_height="match_p arent"
05    android:orientation="vertical">
06   <LinearLayout
07      ......
08      <RadioGroup
09        android:id="@+id/custom_info_window_options"
10        android:layout_width="wrap_content"
11        android:layout_height="wrap_content">
12      <RadioButton
13        android:id="@+id/default_info_window"
14        android:checked="true"
15        android:text="@string/default_info_window"/>
16      <RadioButton
17        android:id="@+id/custom_info_contents"
18        android:text="@string/custom_info_contents"/>
19      <RadioButton
20        android:id="@+id/custom_info_window"
21        android:text="@string/custom_info_window"/>
22      </RadioGroup>
23   </LinearLayout>
24    ......
25      </resources>
```

如代码所示，第 08～22 行为 RadioGroup 控件的代码，包含三个 RadioButton，分别对应默认窗口、定制内容信息和定制窗口信息格式。

Google Map API

（3）实现 CustomInfoWindowAdapter 类

要实现定制的气泡窗口，首先需要通过调用 GoogleMap 的 setInfoWindowAdapter(InfoWindowAdapter)函数。该函数的参数为一个 InfoWindowAdapter 类型的接口，因此本例中实现了该接口的一个类：CustomInfoWindowAdapter。

首先，在 MainActivity 中设置一个窗口适配器来允许更改窗口的内容和外观：

```
mMap.setInfoWindowAdapter(new CustomInfoWindowAdapter());
```

然后，在 CustomInfoWindowAdapter 类中首先通过构造函数来获取气泡视图和单选框控件。

```
CustomInfoWindowAdapter() {
        mWindow = getLayoutInflater().inflate(R.layout.custom_
         info_window, null);
        mContents = getLayoutInflater().inflate(R.layout.custom_
         info_contents, null);
        mOptions = (RadioGroup) findViewById(R.id.custom_
         info_window_options);
    }
```

InfoWindowAdapter 接口有两个函数需要重写：getInfoWindow(Marker)和 getInfoContents(Marker)函数。代码如下：

```
01      @Override
02      public View getInfoWindow(Marker marker) {
03         if (mOptions.getCheckedRadioButtonId() != R.id.custom_
            info_window) {
04            // This means that getInfoContents will be called.
05            return null;
06         }
07         render(marker, mWindow);
08         return mWindow;
09      }
10
11      @Override
12      public View getInfoContents(Marker marker) {
13         if (mOptions.getCheckedRadioButtonId() != R.id.custom_
            info_contents) {
14            // This means that the default info contents will be used.
15            return null;
16         }
```

```
17            render(marker, mContents);
18            return mContents;
19        }
```

程序首先会调用 getInfoWindow(Marker)函数，在第 03 行进行判断，如果单选按钮选择的不是 custom_info_window，就返回 null；然后程序再调用 getInfoContents(Marker)函数，在第 13 行中进行判断，如果单选按钮选择的值不是 custom_info_contents，返回 null，最后程序会使用默认的窗口格式来显示气泡。

getInfoWindow(Marker)定制的是整个窗口，而 getInfoContents(Marker)定制的仅仅是窗口的内容，窗口的框架以及背景仍然使用的是默认的窗口格式。

第 07 和 17 行中的 render(Marker, View)函数是用来定制气泡的标题 titile 和简介 snippet，具体实现如下：

```
01    private void render(Marker marker, View view) {
02        int badge;
03        if(marker.equals(mUestc)){
04            badge = R.drawable.uestc;
05        }else {
06            badge = 0;
07        }
08        ((ImageView) view.findViewById(R.id.badge)).setImage
          Resource(badge);
09
10        String title = marker.getTitle();
11        TextView titleUi = ((TextView) view.findViewById
          (R.id.title));
12        if (title != null) {
13            SpannableString titleText = new SpannableString
              (title);
14        titleText.setSpan(new ForegroundColorSpan(Color.RED), 0,
          titleText.length(), 0);
15            titleUi.setText(titleText);
16        } else {
17            titleUi.setText("");
18        }
19
20        String snippet = marker.getSnippet();
21        TextView snippetUi = ((TextView) view.findViewById
          (R.id.snippet));
22        if (snippet != null) {
```

```
23              SpannableString snippetText = new SpannableString
                (snippet);
24          snippetText.setSpan(new ForegroundColorSpan(Color.BLUE), 0,
            snippet.length(), 0);
25              snippetUi.setText(snippetText);
26          } else {
27              snippetUi.setText("");
28          }
29      }
30  }
```

代码中，第 02~08 行是在气泡的 View 中添加一张图片；第 10~18 是定制气泡标题的属性；第 20~28 行是定制气泡简介的属性。使用的是第 14 和第 24 行中的 setSpan()方法，可以设置各种属性，比如下画线、斜体、超链接、颜色等属性，本实例中设置的是颜色的属性值。

（4）设置监听器

为了能够体现出地标的各种属性变化，本例中设置了一系列监听器来显示这些变化，有地标单击的响应监听器 OnMarkerClickListener，气泡单击监听器 OnInfoWindowClickListener，地标拖动监听器 OnMarkerDragListener。

● 地标单击响应监听器 OnMarkerClickListener

单击地标时会触发地标单击响应的监听器，重写该监听器的 OnMarkerClick()函数，代码如下：

```
    @Override
public boolean onMarkerClick(final Marker marker) {
if (marker.equals(mHospital)) {
    marker.setIcon(BitmapDescriptorFactory.defaultMarker(new
Random().nextFloat() * 360));
        }
    return false;
}
```

当单击 mHospital 地标时，触发该函数。该函数的功能是改变地标的颜色，颜色的值是通过程序产生的一个随机数来设定的。效果图见图 10-22 和图 10-23 中单击地标 mHospital 前后，地标颜色的变化。

图10-22 单击地标之前

图10-23 单击地标之后

- 气泡单击监听器 OnInfoWindowClickListener

地标弹出气泡之后，单击气泡可以触发该监听器，重写该监听器的 onInfoWindowClick()函数，代码如下：

```
@Override
    public void onInfoWindowClick(Marker marker) {
        Toast.makeText(getBaseContext(), "气泡被单击,当前位置: " +
marker.getPosition(), Toast.LENGTH_SHORT).show();
    }
```

当单击气泡时，触发该函数。该函数的功能是弹出一个 Toast 消息，显示一个提示信息，并显示当前地标的地理位置经纬度。效果图见图 10-24，单击地标 mUestc 之后，弹出一个 Toast 消息。

- 地标拖动监听器 OnMarkerDragListener

在添加地标的时候讲到地标属性的设置中有一个 draggable()属性，该属性是设置地标是否可以拖动。当设置成可以拖动时，拖动地标的时候会触发 OnMarkerDragListener 这个监听器。长按住地标，地标会成可拖动状态。开始拖动地标时，onMarkerDragStart(Marker) 函数被调用；拖动的过程中，onMarkerDrag(Marker)函数不断地被调用；拖动结束时，onMarkerDragEnd(Marker) 函数被调用。代码如下：

图 10-24 单击气泡

```
01    @Override
02    public void onMarkerDragStart(Marker marker) {
03        Toast.makeText(getBaseContext(), "地标开始拖动", Toast.
          LENGTH_SHORT).show();
04    }
05
06    @Override
07    public void onMarkerDragEnd(Marker marker) {
08        Toast.makeText(getBaseContext(), "地标拖动结束", Toast.
          LENGTH_SHORT).show();
09    }
10
11    @Override
12    public void onMarkerDrag(Marker marker) {
13     Toast.makeText(getBaseContext(), "地标被拖动,当前位置: " + marker.
       getPosition(), Toast.LENGTH_SHORT).show();
14    }
```

第 02~04 行中地标开始拖动时,弹出一个 Toast 消息框提示地标开始拖动。

第 12~14 行中,地标在被拖动过程中,弹出一个 Toast 消息框提示地标在被拖动并显示当前的地理位置的经纬度信息。第 07~09 行中,地标拖动结束时,弹出一个 Toast 消息框提示地标拖动结束。效果图见图 10-25,左边的图是开始拖动图标的响应,中间的图是拖动图标的过程中的响应,右边的图是图标拖动结束的响应。

图 10-25　拖动图标

10.3　在地图上测两点距离

在基于 GPS 的定位应用中，测量距离是一个十分实用的功能，例如车载导航仪或者手机搭载的导航应用，在移动的过程中通常会有一些特定地点作为"决策点"，即当车辆或人在按照预定的路线行动至目的地的过程中，在这些决策点需要做出明确的决策如左转、右转或者直行等，如果没有在这些决策点做出正确的决策，则有可能发生人们所不愿意看到的后果，如错过高速公路出口、走过目的地等等，因此需要借助于测量某两个位置的距离的功能来实现一定范围内的提醒；又例如在一个 LBS 社交应用中，可以通过一定范围内的靠近提醒功能来实时建立和朋友之间的联络等。基于这样一类的需求，本节将实现在地图上测两点的距离的功能。

10.3.1 测距功能说明

本示例将要完成的效果是：通过单击 Google 地图来选择两个端点，将这两个端点作为测距线段的两端，然后返回该线段所对应的距离并用一条红色的线将这两个端点连接起来。在功能的实现时，考虑到在选点操作的过程中可能会有移动或者缩放地图的操作，为了防止发生误操作，为控制选点操作特意增加了两个按钮和一个 Toast 提示消息，如随后的效果图（图 10-26）所示，两个按钮分别是"开始测距"和"选点"，测距的完整流程为：

单击"开始测距"按钮进入到测距状态，可以看到下方出现操作提示文字："请先单击选点按钮，然后在地图上单击选择第一个端点"，如图 10-27 所示；

图 10-26　初始状态　　　　　图 10-27　单击"开始测距"

将地图移动和缩放到合适位置，确定欲选择的点在可单击的区域后（此处欲选择第一个点为电子科技大学，已经存在于视图中央了），单击"选点"按钮，此时下方的操作提示文字将会变为："请在地图上选择第一个端点"，如图 10-28 所示，单击屏幕上的一点将选定一个端点，该端点被标记为"S"即 Start 的含义，如图 10-29 所示；

图 10-28　单击"选点"　　　　图 10-29　选择第一个点

此时，操作提示文字变为"请再单击选点按钮，然后在地图上单击来确定第二个端点"，如图 10-29 所示，这个状态下可以自由地拖曳和缩放地图而不会被判定为选点操作，因此通过缩放和拖曳移动地图至天府广场区域，如图 10-30 所示，然后单击"选点"按钮，并选择第二个点，该点被标记为"D"即 destination 的含义，至此两个端点已经确定，Toast 消息显示了从电子科技大学清水河校区到天府广场的直线距离为 16723.344，以米为单位。如图 10-31 所示，两点用一条红色的线连接起来，测距完成。

图 10-30　移动地图　　　　　图 10-31　选择第二个点

10.3.2 实现测距线程

示例代码中实现了一个测距线程类 MeasureDistance,该线程的作用是:根据选点的结果,计算出两点间的距离并将该结果以 Message 的形式通过 handler 发送给主线程,主线程则将结果显示到界面上。线程的代码如下:

```java
01  public class MeasureDistance extends Thread {
02
03      private boolean waiting = true;//测距流程是否处于等待状态
04          //等待传入数据(通过 setStartPoint 和 setDestPoint 方法)
05      private volatile MeasureStep currentStep = MeasureStep.stepOne;
06      private static LatLng startPoint = null;
07      private static LatLng destPoint = null;
08      private float[] results = {1.0f,1.0f,1.0f};
09      private Handler mHandler;
10
11      public MeasureDistance(Handler mHandler){
12          this.mHandler = mHandler;
13      }
14
15      @Override
16      public void run() {
17          while(true){
18              while(waiting){
19                  try{
20                      Thread.sleep(200);
21                  }catch (Exception e) {
22
23                  }
24              }
25              measureProcedure();
26              if(currentStep == MeasureStep.notMeasuring) break;
27          }
28      }
29
30      //根据流程状态做不同的处理
31      private void measureProcedure(){
32          waiting = true;
33          switch(currentStep){
34          case stepOne:{
35              currentStep = MeasureStep.stepTwo;
36              break;
37          }
```

```java
38          case stepTwo:{
39              //distanceBetween 的参数中的经纬度的单位是度
40              Location.distanceBetween(startPoint.latitude,
41                      startPoint.longitude ,
42                      destPoint. latitude,
43                      destPoint. longitude, results);
44              //System.out.println("results[0]: " + results[0]
45              //+ "results[1]: " + results[1] + "results[2]: " + results[2]);
46              Message msg = new Message();
47              msg.what = MapViewDemo.MESSAGE_MEASURE;
48              msg.obj = new Float(results[0]);
49              mHandler.sendMessage(msg);
50              currentStep = MeasureStep.notMeasuring;
51              break;
52          }
53          case notMeasuring:{
54              break;
55          }
56          }
57      }
58
59      public void setWaitingStatus(boolean status){
60          waiting = status;
61      }
62
63      public void stopMeasure(){
64          currentStep = MeasureStep.notMeasuring;
65          waiting = false;
66      }
67
68      public MeasureStep getMeasureStatus(){
69          return currentStep;
70      }
71
72      public void setStartPoint(LatLng point){
73          startPoint = point;
74      }
75
76      public void setDestPoint(LatLng point){
77          destPoint = point;
78      }
79
80      //测距流程状态
```

```
81        public enum MeasureStep{
82            stepOne,
83            stepTwo,
84            notMeasuring
85        }
```

上述代码的第 81~85 行定义了一个用于描述测距流程状态的枚举类型 MeasureStep，该枚举类型包含了三个元素，stepOne、stepTwo 和 notMeasuring，分别代表测距的第一步（选择 Start 点）、第二步（选择 Destination 点）以及非测距状态。线程自身通过这个枚举类型来确定当前流程的状态，并且向外部提供 getMeasureStatus()接口（68~70 行），供其他类查询当前流程的状态。

代码第 03 行定义的布尔变量 waiting 用于指明测距流程是否处于等待状态，一个测距流程通常会出现两次等待，第一次即线程开始后等待选取第一个点，此时线程将会循环在第 18~24 行代码中，等待 Activity（MainActivity）使用 setWaitingStatus(boolean status)接口将 waiting 的值置为 false，这个置为 false 的动作发生在 Activity（MapViewDemo）取得了用户所选择的点之后（setStartPoint 和 setDestPoint），即用户每选择一次点，将会将测距流程向前推进一步，当测距流程状态为 notMeasuring 时，线程终止，测距流程结束。

在测距流程的第二步，已经获取了用户选择的第二个点之后，将使用由 android.location.Location 类提供的静态方法 distanceBetween()来计算出两点间的距离，然后将计算结果通过 mHandler 发送消息给主线程，distanceBetween()方法的原型为：

```
distanceBetween(double startLatitude, double startLongitude, double endLatitude, double endLongitude, float[] results)
```

参数列表：

- startLatitude：起点的纬度值，即一个端点的纬度值；
- startLongitude：起点的经度值，即一个端点的经度值；
- endLatitude：终点的纬度值，即另一个端点的纬度值；
- endLongitude：终点的经度值，即另一个端点的经度值；

results：浮点型数组，用于存放计算结果，最多返回三个数值，分别存放于 results[0]、results[1]、results[2]，其中 results[0]中存放的是以米为单位的距离数值。

代码第 40~43 行就是将用户选择的两点的经纬数值传入 distanceBetween()方法，然后计算出结果保存在 results 数组中。然后将 results[0]的值用 Message 对象进行封装，并发送给主线程处理，然后将测距流程状态设置为 notMeasuring，表示测距流程终止，如代码第 46～50 行。

另外，还提供了 stopMeasure 接口，用于在特殊情况下终止测距线程（代码第 63～66 行）。

10.3.3 选点

在上一小节中实现了用于表明线程状态及测距的线程类，剩下的工作就是实现在地图上选择两个点并发送给 MeasureDistance 线程，本节就来具体说明选点的实现。

1. 增加功能按钮

前面已经提到了选点的实现还需要借助两个按钮，为此，在 activity_main.xml 中为界面添加两个额外的按钮：

```xml
<Button
    android:id="@+id/startdistance"
    android:layout_width="0dp"
    android:layout_height="wrap_content"
    android:onClick="onStartDistance"
    android:layout_weight="0.5"
    android:text="@string/start_distance"/>
 <Button
    android:id="@+id/choosepoint"
    android:layout_width="0dp"
    android:layout_height="wrap_content"
    android:onClick="onChoosePoint"
    android:layout_weight="0.5"
    android:text="@string/choose_point"/>
```

然后在 MainActivity 中添加对这两个按钮的事件的响应：

```
01      //此按钮用于开始一次测距流程
02      public void onStartDistance(View view) {
03          if (!checkReady()) {
04            return;
05          }
06
07          if(measureDistanceThread != null){
08             measureDistanceThread.stopMeasure();
09          }
10          mMap.clear();//开始测距时清屏幕
```

```
11          measureDistanceThread = new MeasureDistance(mHandler);
12          measureDistanceThread.start();
13          Toast.makeText(getBaseContext(),"请先单击选点按钮,然后在地图
            上单击选择第一个端点", Toast.LENGTH_LONG).show();
14      }
15
16      //此按钮用于设置当前是否处于取点状态
17      public void onChoosePoint(View view) {
18        if (!checkReady()) {
19            return;
20        }
21
22        if(measureDistanceThread == null){
23            Toast.makeText(getBaseContext(), "请先单击开始测距按钮",
                Toast.LENGTH_LONG).show();
24            return;
25        }
26        selectPointActivated = true;
27
28        switch(measureDistanceThread.getMeasureStatus()){
29          case stepOne:
30            Toast.makeText(getBaseContext(), "请在地图上选择第一个端
                点", Toast.LENGTH_SHORT).show();
31            break;
32          case stepTwo:
33            Toast.makeText(getBaseContext(), "请在地图上选择第二个端
                点", Toast.LENGTH_SHORT).show();
34            break;
35        }
36      }
```

如代码所示,这两个按钮的功能分别是:

启动新的测距线程,并更新提示信息(代码第 11~13 行),如果当前有未完成的线程,则停止当前线程(代码第 07~09 行)并开始新的线程;置 selectPointActivated 标志为 true,即激活选点模式(代码第 26 行),该布尔变量是一个属于 MainActivity 的成员变量,该变量专用于区分当前的状态以确定将触摸事件处理为选点操作还是拖曳地图操作。然后根据测距线程 measureDistanceThread 的状态来更新提示信息(代码第 28~35 行)。

3. 实现触摸事件监听器

前面一小节已经能够通过按钮来控制线程状态,这一小节中需要实现的功能

是根据当前的选点状态来将触摸选点结果反映在地图上,基本逻辑是:如果当前 selectPointActivated 标志为假,则表明当前处于非选点状态,该监听器将不做任何操作直接将触摸事件传给下一级处理;如果 selectPointActivated 标志为真,则根据当前测距流程的状态来进行相应的下一步操作。当流程状态为 stepOne 时,向地图中添加"S"点并且通过 setStartPoint()方法将该点传给 measureDistanceThread,当流程状态为 stepTwo 时,向地图中添加"D"点并且通过 setDestPoint 方法将该点传给 measureDistanceThread,同时使用 setWaitingStatus()方法将线程的等待状态置为假,从而推进线程执行,再置 selectPointActivated 标志为假,等待下一次选点。具体代码如下:

```
01  //为MapDemo注册触摸事件监听器,该监听器的作用是当处于"选点"状态时,
02  //响应触摸操作,该响应将在地图对应位置标记一个标志。该事件的处理方式
03  //与测距线程的状态、是否处于选点模式有关。
04  @Override
05  public void onMapClick(LatLng point) {
06      if(!selectPointActivated) return;
07      if(measureDistanceThread.getMeasureStatus()!=MeasureStep.notMeasuring){
08          switch(measureDistanceThread.getMeasureStatus()){
09              case stepOne:
10                  measureDistanceThread.setStartPoint(point);
11                  mMap.addMarker(new MarkerOptions()
                        .position(point)
                        .title("起点")
                  .icon(BitmapDescriptorFactory.fromResource(R.drawable.markers)));
12                  Toast.makeText(getBaseContext(), "请再单击选点按钮,然后在地图上单击来确定第二个端点", Toast.LENGTH_LONG).show();
13                  break;
14              case stepTwo:
15              measureDistanceThread.setDestPoint(point);
16                  mMap.addMarker(new MarkerOptions()
                       .position(point)
                       .title("终点")
                  .icon(BitmapDescriptorFactory.fromResource(R.drawable.markerd)));
17                  mMap.addPolyline(new PolylineOptions()
                       .add(measureDistanceThread.getStartPoint(), point)
                       .width(5)
                       .color(Color.RED));
18                  break;
```

```
19        }
20            measureDistanceThread.setWaitingStatus(false);
21            selectPointActivated = false;
22        }
23        else measureDistanceThread = null;
24    }
25 }
```

如代码中加粗的部分，第 06～07 行、08、09 和 14 行是用于判断选点状态的逻辑，第 10、15、20 和 21 行代码则是分别用于传递选点结果以及改变选点状态，第 17 行用于在两个端点之间用红色的线进行连接起来。

至此，已经能够按一定的流程来获取用户需要测距的两个端点了，剩下的工作就是输出结果了。

10.3.4 添加 Handler 处理

在 10.3.3 节中选定了两个端点后，主线程将会收到由前面 10.3.2 节中实现的测距线程发回的结果消息，因此需要添加对该消息的处理从而在界面中显示出结果：

```
01 //用于处理由 Thread 发来的消息
02 mHandler = new Handler() {
03     public void handleMessage(Message msg) {
04     switch (msg.what)
05         {
06             case MESSAGE_MEASURE:
07                 Toast.makeText(getBaseContext(),"两点间距离为：" +
                    ((Float)msg.obj).floatValue() + "米",Toast.LENGTH_
                    LONG).show();
08                 break;
09             default:
10                 break;
11         }
12     super.handleMessage(msg);
13     }
14 };
```

其中第 06～08 行即为添加的用于处理 MeasureDistance 线程所发回的结果消息的代码，该行代码将取出 Message 中的结果数据并将其显示到最上方的提示文本中。

10.4　在 MapView 上绘制轨迹

当你外出游玩时，你是否想记录下你所经过的路线呢？记录下自己经过的路线，不仅可以供自己在日后回味，也可以用于向亲朋好友分享自己的旅程。借助于 GPS 定位以及 GoogleMap 就能够方便地实现这样的功能，本节将讨论该功能的实现方法。

10.4.1 轨迹绘制说明

在地图上绘制轨迹可以利用 GoogleMap 提供的 addPolyline()方法来实现，为了实现轨迹的折线效果，可以把轨迹分解成一段一段的线段，每一个线段根据两个 GPS 返回的地理位置来确定即可。

为了方便读者的测试，本节将要实现的示例中，需要借助于 Google Earth 来获取一系列的地理位置经纬数据。该方法是通过 Google Earth 生成 kml 文件的方法来模拟一连串的地理位置数据。kml 是一种基于 xml 标准的文件，每一个 kml 文件中包含了若干个代表地理位置的节点，通过实现对 kml 文件的解析功能即可得出一连串的地理位置，利用这些地理位置，就能够在地图上绘制出轨迹。在随后会介绍如何利用 Google Earth 生成代表一段路径的 kml。

借助于 kml 所提供的经纬度数据，可以使用 GoogleMap 的 addPolyline()方法将经纬度数据转换成可以在屏幕上绘制的一段一段线段即可，本示例中利用 Google Earth 生成的是从电子科技大学清水河校区到成都市天府广场的一段路径，示例的运行效果如图 10-32 所示，单击"轨迹"按钮，地图中就绘制出了从电子科技大学清水河校区到成都市天府广场的一段路径，图中蓝色的线条就是新绘制上去的这条路径。

图 10-32 轨迹绘制结果

10.4.2 使用 Google Earth 生成 kml 文件

前文提到的方法需要使用到由 Google Earth 所生成的代表路径的 kml 文件，因此这里简要介绍一下如何使用 Google Earth 来生成这种文件，首先需要到 Google Earth 的网站上去下载软件，直接用 Google 搜索 Google Earth 关键字，通常第一个链接就是 Google Earth 的下载页面，页面地址为 http://www.google.com/earth/index.html，如图 10-33 所示，在该页面上可以下载到最新发布的 Google Earth 应用程序，当前发布的最新版本是 Google Earth 7。

图 10-33　Google Earth 主页面

下载并安装 Google Earth，运行之后界面中央将会出现一个 3D 的地球模型，Google Earth 是一个功能十分强大的软件，它能够给用户带来极强的视觉和操作震撼，它的一些功能包括：

使用它来观测地球上任何一个地点的景观，它的精确度能够让用户清晰地辨明地面的道路、车辆、建筑以及河流山脉等等，只要你足够细心，也许会成为地球上某一处景观的第一个发现者；

支持 45°角的景观浏览；

越来越多的 3D 建筑模型；

支持众多地区的街景模式，使你有身临其境的感觉；

众多地点的 360°全景照片；

支持海底景观，用户可以它用来探索丰富的海底世界；

飞行模拟器，当飞行模拟器开启时，用户将被假想成为一架飞行器的驾驶员，通过类似于游戏的操作来控制飞行器，得到近似于"鸟瞰"的体验，当然前提是你没有让你的飞行器坠毁或者飞离地球；

利用 Google Earth，你可以制作一段录像然后发布到互联网上，让你化身为导游带领观看者按你设计的路线游览；

绝对不逊色于任何地图软件的地图功能，你可以使用 Google Earth 来规划你的路线，查询地点等等，借助于 Google 所拥有的庞大的数据库，你能够获取每个地点的足够信息；

Google Earth 甚至已经"冲出"了地球，现在还能够在 Google Earth 中观测月球、火星以及星空。

Google Earth 还提供了很多很多值得去探索的功能。例如最近几年的圣诞节你甚至可以通过 Google Earth 来观察圣诞老人和他的鹿拉雪橇的位置，通过 Google Earth 还能够观测月食。

读者可以自己花一点时间来熟悉一下 Google Earth 的使用，它的操作非常的直观和易用，如图 10-34 所示，在左侧边栏中包括了"搜索"、"位置"及"图层"三个视图，在搜索视图中可以方便地搜索地点，在位置视图中将会列出你所保存的位置、轨迹，在图层视图中则是控制在 Google Earth 上所显示的图层，你可以通过勾选你感兴趣的图层来使其显示在 Google Earth 上。

图 10-34　Google Earth 界面

熟悉了 Google Earth 的使用后，就准备来生成需要的 kml 文件了，首先需要确定路径的起点，单击上方工具栏中的"添加地标"按钮，然后选择一个点作为路径的起点，如本例中选择的是电子科技大学清水河校区作为起点，如图 10-35 所示。

在 Google Earth 上标记出起点之后，右键单击该图标，然后选择"从此处出发的路线"，此时搜索视图会自动切换到"路线"选项卡，并且自动将刚才标记的起点填入正确的位置。以同样的方式，再次添加地标作为目的地，然后右键地标图标选择"以此处为目的地的路线"。选择完成后，Google Earth 上会自动绘制出一条从起点到终点的路径，如图 10-36 所示。

图 10-35　选择电子科技大学作为起点

图 10-36　在 Google Earth 上生成的轨迹

在得到这条生成好的路径后，便可以使用导出功能来得到 kml 文件了。在左侧边栏的搜索视图的路线选项卡中有一个树形视图，这个树形视图包含了许多节点，从第一个到倒数第二个节点用于代表这条路径中的所有地点（每个节点都包括了其代表地点的诸多信息），最后一个节点代表这条完整路径，因此只需要最后一个节点的数据即可完成路径绘制的工作，为此，可以在该节点上单击右键并选择"将位置另存为"或者直接右键单击地图上蓝色的轨迹线并选择"将位置另存为"，然后保存文件时选择文件类型为 kml 即可。将会得到一个名为"路线.kml"的文件，使用记事本打开该文件可以发现文件的结构如下：

```
01  <?xml version="1.0" encoding="UTF-8"?>
02  <kml xmlns="http://www.opengis.net/kml/2.2"
03       xmlns:gx="http://www.google.com/kml/ext/2.2"
04       xmlns:kml="http://www.opengis.net/kml/2.2"
05       xmlns:atom="http://www.w3.org/2005/Atom">
06  <Placemark>
07      <name>路线</name>
08      <visibility>0</visibility>
09      <description><![CDATA[路程：21.6 公里（大约 34 分钟)<br/>
10          地图数据 ©2011 Mapabc]]></description>
11      <styleUrl>#roadStyle</styleUrl>
12      <MultiGeometry>
13          <LineString>
14              <coordinates>
15                  103.92328,30.75685,0 …………
16              </coordinates>
17          </LineString>
18      </MultiGeometry>
19  </Placemark>
20  </kml>
```

其中，第 15 号省略了大部分的经纬数据，正是利用这一行内容所记录的一系列数据来绘制轨迹的。为了在代码中能够使用该文件，将其文件名修改为 test.kml 并存放在项目的 /assets 目录下。

1. 实现解析 kml 文件的线程类

获取到了正确的路线文件后，就需要在代码中导入并且解析该文件，然后根据解析出的数据绘制轨迹。为此实现了一个用于解析获取到的 kml 文件的线程类 TrackThread，该线程的构造方法如下：

```
01      private InputStream mTrackPointInputStream = null;
02      private Handler mHandler;
03
04      public TrackThread(InputStream inputStream, Handler mHandler) {
```

```
05            mTrackPointInputStream = inputStream;
06            this.mHandler = mHandler;
07       }
```

可以看到，构造方法传入了两个参数，它们的作用分别是：

inputStream：待解析文件的输入流；

mHandler：用于向主线程发送消息的 Handler 类。

可以注意到，这个解析用的线程类所需要解析的输入流是通过构造方法参数的形式传入的，因此它可以被复用，只需要在创建线程的时候更改输入流即可。

文档的解析功能用到了如下一些包：

```
01  import javax.xml.parsers.DocumentBuilder;
02  import javax.xml.parsers.DocumentBuilderFactory;
03  import javax.xml.parsers.ParserConfigurationException;
04
05  import org.w3c.dom.Document;
06  import org.w3c.dom.Node;
07  import org.w3c.dom.NodeList;
08  import org.xml.sax.SAXException;
```

利用这些包提供的类和接口可以方便地对符合 xml 规范的文档进行解析，在 TrackThread 线程的 run()方法中包含了对 kml 文档进行解析的代码，如下所示：

```
01  public void run() {
02      DocumentBuilderFactory docBuilderFactory = DocumentBuilder
          Factory.newInstance();
03      DocumentBuilder docBuilder;
04      Document doc = null;
05      try {
06          docBuilder = docBuilderFactory.newDocumentBuilder();
07          doc = docBuilder.parse(mTrackPointInputStream);
08      } catch (Exception e) {
09          e.printStackTrace();
10      }
11      NodeList LatLngList = doc.getElementsByTagName("LineString");
12      for(int indexOfLine=0; indexOfLine< LatLngList.getLength();
        indexOfLine++){
13          Node coordinatesNode = LatLngList.item(indexOfLine);
14          String[] coordinates = coordinatesNode.NodegetText
            Content().split(" ");
15          for(int index = 0; index < coordinates.length - 1; index++){
16              String lon_lat_alt= coordinates[index];
17              int lon=(int) (Double.parseDouble(lon_lat_alt.
```

```
                split(",")[0])*1e6);
18              int lat=(int) (Double.parseDouble(lon_lat_alt.split
                (",")[1])*1e6);
19              currentPoint = new LatLng(lat,lon);
20              Message msg = new Message();
21              msg.what = MapViewDemo.MESSAGE_TRACK;
22              msg.obj = currentPoint;
23              mHandler.sendMessage(msg);
24          }
25      }
26 }
```

其中：

第 02～10 行的代码根据文档输入流实例化了 Document 对象；

第 11～19 行代码则是具体的解析过程。首先通过指定的"LineString"标签获取到包含有 coordinates 数据的 LineString 节点（第 11 行）；使用 NodeList.item(index)方法获取到 LineString 节点下的 coordinates 节点（第 13 行）；

使用 Node.getTextContent()方法以字符串的形式获取到节点下的字符内容，再借助字符串的 String.split()方法，以空格" "为分隔符，得到一个包含若干经度、纬度和海拔数据的字符串数组（第 14 行）；

依次从解析得到的字符串数组中的每一个字符串中提取出经纬度值，并且形成 LatLng 对象（第 15～19 行）；

最后，使用前面常用到的方式，将 LatLng 对象用 Message 封装并通过 Handler 发送给主线程处理（第 20～23 行），这里为 Message 定义了一种新的类型 MESSAGE_TRACK。

2．增加功能按钮

前面提到了单击"轨迹"按钮来显示那条轨迹，因此，在 activity_main.xml 中为界面添加一个额外的按钮，代码如下：

```xml
<Button
    android:id="@+id/showtrack"
    android:layout_width="0dp"
    android:layout_height="wrap_content"
    android:onClick="onShowTrack"
    android:layout_weight="0.5"
    android:text="@string/show_track"/>
```

然后在 MainActivity 中添加对这个按钮的响应：

```
01  public void onShowTrack(View view){
02      mMap.addPolyline(new PolylineOptions().addAll(points).width(5).
        color(Color.BLUE));
03      mMap.animateCamera(CameraUpdateFactory.newLatLngZoom
        (points.get(0), 10));
04  }
```

代码中第 02 行是绘制轨迹，其中可以设置轨迹线的粗细、颜色等属性。第 03 行是将地图中心移动至第一个地理位置点。

3. 实现轨迹绘制

在前面两小节实现的解析类的基础上，对 MapDemo 稍作修改，就可以将轨迹绘制在地图上了，在完成轨迹绘制的过程中这几个类之间的关系如图 10-37 所示。

首先在 MainActivity 中打开 test.kml 文件并获取文件输入流，并构造一个解析类线程对象，将文件输入流和 mHandler 传入：

```
01  private TrackThread trackThread;
02  ......
03  try {
04      trackThread = new TrackThread(getAssets().open("test.kml"),
        mHandler);
05      trackThread.start();
06  } catch (IOException e) {
07      e.printStackTrace();
08  }
```

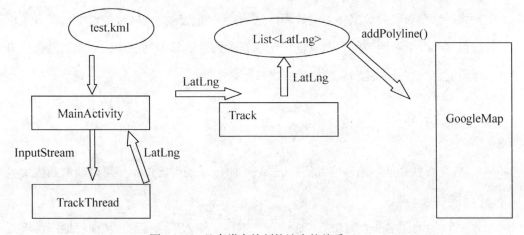

图 10-37 几个类在绘制轨迹中的关系

解析线程对象 trackTread 将会在线程内部对输入流进行解析，并且每解析出一个 LatLng 对象，就通过 mHandler 向 MainActivity 发送 Message，因此，在 mHandler 的消息处理中加入新的消息处理机制：

```
01  //用于处理由Thread发来的消息
02  mHandler = new Handler() {
03      public void handleMessage(Message msg) {
04      switch (msg.what)
05          {
06              ......
07              case MESSAGE_TRACK:
08                  LatLng currentLatLng = (LatLng)msg.obj;
09                  points.add(currentGeoPoint);
10                  break;
11              default:
12                  break;
13          }
14      super.handleMessage(msg);
15      }
16  };
```

从代码中可以看出对 MESSAGE_TRACK 消息的处理方式：从接收到的 msg 对象中取出 LatLng 对象，然后将该对象加入到 points 的数组中，之后便由 onShowTrack()这个按钮响应函数中的 addPolyline()函数来负责绘制轨迹。

示例之所以将解析文件的功能放在一个单独的线程中来实现，是因为这种方式与实际应用中的轨迹绘制方式相似，在实际应用中，通常也可以开启一个单独的线程，专用于从 GPS 模块获取新获得的 GPS 数据，然后按照类似于本示例的方式，将新获取的数据传给主线程，然后让主线程来负责轨迹的绘制，读者可以自行修改一下示例，实现从真机中获取新的位置信息的功能，然后放到真机中进行验证，观察是否能够正确地绘制出轨迹。

课后习题

1. 查找并使用地理位置信息的 Web 服务，使得应用程序可以获取到你手机的大概地址。

2. 为地图增加查询功能，通过在文本框中输入地址信息，从而使地图跳转到一个最接近于该地址的位置。

3. 在第 2 题的基础上，为地址搜索结果增加候选项，即根据一个地址信息得到多个与该描述接近的地址，并且尽可能按照相关程度排序。

4. 为地图增加收藏夹功能，使得程序可以存储一系列的地理位置，这些地理位置可以在一个列表中进行查看，通过单击某个条目能够跳转到对应地址。

5. 为第 4 题实现的收藏夹增加收藏轨迹的功能。

第11章
Android 浏览器扩展

11.1 浏览器插件简介

插件的出现可以追溯到 20 世纪 70 年代中期，当时在 Univac90/60 系列大型机的 UnisysVS/9 操作系统上运行的 EDT 文本编辑器就提供了一项功能，使得从编辑器上可以运行某个程序，并允许这个程序进入编辑器的缓冲，允许外部程序染指内存中正在编辑的任务。插件程序使得编辑器在缓冲区上进行文本编辑，而这个缓冲是编辑器和插件所共同享用的。Waterloo Fortran 编译器使用这些特性使得 EDT 编辑的 Fortran 程序可以交互编译。

个人计算机上第一个带有插件的应用软件，也许是苹果系统上的 HyperCard 和 QuarkXPress，两者都是 1987 年发行的。应用软件提供使插件能够应用的各项服务，其中包括提供加载方式，使插件可以加载到应用程序和网络传输协议中，从而与插件进行数据交换。插件必须依赖于应用程序才能发挥自身功能，仅靠插件是无法正常运行的。相反，应用程序并不需要依赖插件就可以运行，这样，插件就可以加载到应用程序上并且动态更新而不会对应用程序造成任何改变。

公开应用程序接口提供一个标准的界面，允许其他人编写插件，与应用程序互动。一个稳定的应用程序接口会允许其他插件正常运行，即使其最初的版本有所变动，也会支持插件延长旧的应用程序的使用寿命。例如，Adobe Photoshop 和 After Effects 的插件应用程序接口逐渐成为标准，并且被一些与它们竞争的应用程序采纳。另外一些像这样的应用程序接口包括 Audio Units 和 VST。这就好比一个网络转换器也许会运载一个未被占用但不标准的端口，来容纳各种任选的物理层连接器。而游戏和某些应用程序也经常使用插件的体系结构，来允许最初的发行者和第三方发行者增加功能。

生产厂家可以用插件来产生卖方锁定，就是通过选择限制更新这个选项，使得厂商签署的买方才可以更新使用其产品。IBM 的 Micro Channel Architecture 从技术上来说，比 Industry Standard Architecture 更先进，可以给

Android浏览器扩展

IBM 的个人计算机添加组成，但是因为很难给第三方的装置设备取得证明而未能大面积推广。微软的 Flight Simulator 系列则以可以下载 aircraft 附件而著名。

浏览器插件是指会随着浏览器的启动自动执行的程序，根据插件在浏览器中的加载位置，可以分为工具条（Toolbar）、浏览器辅助（BHO）、搜索挂接（URL Searchhook）、下载 ActiveX。

有些插件程序能够帮助用户更方便浏览互联网或调用上网辅助功能，也有部分程序被人称为广告软件（Adware）或间谍软件（Spyware）。此类恶意插件程序监视用户的上网行为，并把所记录的数据报告给插件程序的创建者，以达到投放广告、盗取游戏或银行账号密码等非法目的。

因插件程序由不同的发行商发行，其技术水平也良莠不齐，插件程序很可能与其他运行中的程序发生冲突，从而导致诸如页面错误、运行时间错误等，阻碍了正常浏览。

插件是一种遵循一定规范的应用程序接口编写出来的程序。很多软件都有插件，插件有无数种。例如在 IE 中，安装相关的插件后，Web 浏览器能够直接调用插件程序，用于处理特定类型的文件。

11.2　NPAPI 简介

Netscape Plugin Application Programming Interface（NPAPI）是一个被许多浏览器遵循和采用的跨平台的插件框架。

NPAPI 的接口分为两组：浏览器侧的 NPN 接口和插件侧的 NPP 接口。NPN 接口是浏览器侧实现，供插件调用的一系列功能接口。NPP 接口是插件侧实现，供浏览器获取信息或进行控制操作的接口。

浏览器插件的核心就是一个实现了 NPP 接口并使用浏览器提供的 NPN API 进行对外操作的动态库。

考虑到 Android 系统在架构上的特殊性，Google 的工程师对 Android 浏览器的 NPAPI 接口做了一些修改，添加了一个 Android 浏览器插件特有的结构：插件的 Java 层。这样，浏览器插件就可以作为一个 Android 应用，通过常规途径安装到 Android 设备中（Android 的所有应用都必须通过 Java 部分实现安装），如图 11-1 所示。

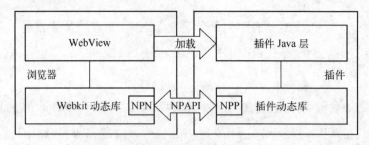

图 11-1　Android 浏览器插件结构

11.3　Android 中的浏览器插件开发分析

Android 的源码目录下提供了 Plugin 的范例：development/samples/BrowserPlugin，通过这个版本的例子编译生成的是完整的 apk 安装包，可以在模拟器或者真机上安装测试。

11.3.1　BrowserPlugin 结构

BrowserPlugin 插件的结构如下。

① jni 目录：插件的主体，Native C/C++写的 Shared Library 负责 NPAPI 中 NPP 侧的实现，包括：5 种子插件目录（animation、audio、background、form、paint），Android.mk 文件（Make 文件），hello-jni.cpp 文件（注册 java 本地接口，hello-world 函数，测试用），jni-bridge.cpp 文件（注册 java 本地接口，注册的函数在 SamplePluginStub.java 中调用），main.cpp 文件（实现 NPP 接口），main.h 文件（定义 NPP 接口变量），PluginObject.cpp 文件（插件的基类），PluginObject.h 文件。

② res 目录：与一般的 Android 工程一样，存放资源的目录。

③ src 目录：有一个实现了 Android 的 service 类（其他大部分插件是实现 activity 类），并为插件提供绘制接口，有 SamplePluginStub.java、SamplePlugin.java（实现服务接口）Cube.java、CubeRenderer.java 文件。

④ AndroidManifest.xml：同样是每个 Android 的工程都会有的文件，包含了 apk 的注册信息，实现 Plugin 的注册。

⑤ Android.mk：编译配置文件。

⑥ Add Right Here：根据以上对目录及源码文件的分析，可以得出整个插件工程的包图，如图 11-2 所示。

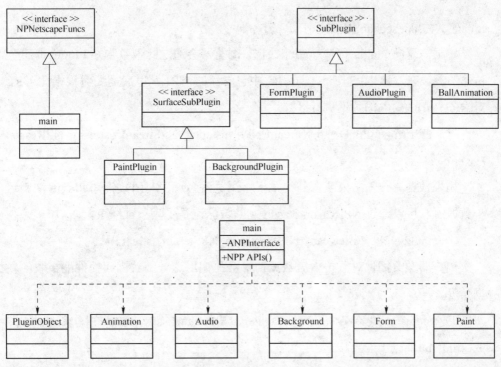

图 11-2 BrowserPlugin 包图

11.3.2 BrowserPlugin 中的 NPP APIs

BrowserPlugin 中的 NPP APIs 包括如下。

（1）NP Error NPP_New(NPMIMEType Plugin Type, NPP instance, uint16 mode, int16 argc, char* argn[], char* argv[], NPSavedData* saved);

新建一个实例，浏览器每创建一个 Plugin 的实例就会调用一次这个函数。该函数主要就是根据传进的参数列表进行实例的初始化，建立新的 Plugin 对象，并通过 NPN_SetValue 告知浏览器 Plugin 对象的一些特性，其中包括 Plugin 对象能处理的事件（触控事件和按键事件）、Plugin 的渲染模式（bitmap 模式或 surface 模式）。

（2）NPError NPP_Destroy(NPP instance, NPSavedData** save);

当浏览器需要销毁一个 Plugin 实例的时候调用，要在这里完成对应实例的资源释放。

（3）NPError NPP_SetWindow(NPP instance, NPWindow* window);

浏览器通过该函数告知 Plugin 对象其窗口参数，主要是 Plugin 对象所占画面的大小。

（4）NPError NPP_NewStream(NPP instance, NPMIMEType type, NPStream*

stream, NPBool seekable, uint16* stype);

如果需要向 Plugin 传输一些流数据，浏览器会通过此函数告知 Plugin 即将要传输的流，在参数 NPStream* stream 中包含流的 URL，以后需要对根据此 URL 对 NPP_Write 传入的数据进行区分。

（5）NPError NPP_DestroyStream(NPP instance, NPStream* stream, NPReason reason);

如果数据流传输结束或意外终止了，浏览器会调用此函数告知 Plugin 注销这一数据流，可以通过 NPReason reason 判断数据流是否为正常结束。

（6）int32 NPP_WriteReady(NPP instance, NPStream* stream);

浏览器在给插件对象传输流数据前，会先调用这一函数询问插件能接收的数据长度。

（7）int32 NPP_Write(NPP instance, NPStream* stream, int32 offset, int32 len,void* buffer);

流数据的传输，根据 NPStream* stream 中的 URL 可以判断是哪个数据流，int32_t offset 为 void* buffer 数据在数据流中的偏移量，int32_t len 为 void* buffer 的长度，返回值是插件对象实际接收的数据大小。

（8）void NPP_StreamAsFile(NPP instance, NPStream* stream, const char* fname);

如果浏览器要传输的是本地文件流，则会选择调用这个参数通知插件流的信息。

（9）void NPP_Print(NPP instance, NPPrint* platformPrint);

根据 NPAPI 的定义，浏览器会通过这个函数通知插件进行输出操作。

（10）int16 NPP_HandleEvent(NPP instance, void* event);

事件处理函数，在这里 plugin 要完成各种事件的处理完成各种事件的处理，包括绘制、按键、鼠标、触控等，事件的参数都包装在 void* event 中，可以参照 external/webkit/WebKit/android/plugins/android_npapi.h 中 ANPEvent 结构体的定义。

（11）void NPP_URLNotify(NPP instance, const char* URL, NPReason reason, void* notify Data);

如果 Plugin 调用了 NPN_GetURLNotify 或者 NPN_PostURLNotify，在浏览器侧的操作完成后，就会调用这个函数返回一些信息。

Android浏览器扩展

（12）NPError NPP_GetValue(NPP instance, NPPVariable variable, void *value);

浏览器通过此函数获取插件对象的一些参数，需要根据 NPPVariable variable 进行不同的处理。NPPVariable 的定义可以参照 external/webkit/Webcore/bridge/npapi.h 和 external/webkit/WebKit/ android/plugins/android_npapi.h。

（13）NPError NPP_SetValue(NPP instance, NPNVariable variable, void *value);

浏览器通过此函数设置插件对象的一些参数，与 NPP_GetValue 一样，需要根据 NPPVariable variable 进行不同的处理。NPPVariable 的定义可以参照 external/webkit/Webcore/bridge/npapi.h 和 external/webkit/WebKit/android/plugins/android_npapi.h。

（14）NP_Initialize

Plugin 初始化函数，浏览器会通过参数传进一个浏览器侧的 NPAPI 函数列表（NPN 函数列表），插件需要在这里实现全局参数的初始化，并返回 Plugin 侧的 NPAPI 函数列表（NPP 函数列表）。Android 的 Plugin 可以通过 NPN_GetValue 获取浏览器参数以及 Android 提供的各种操作接口（ANP Inerface），Android 提供的操作接口可以查看源代码的这一部分：external/webkit/WebKit/android/ plugins。Android 的 NP_Initialize 还提供了上层的 Java 运行环境，可用于实现与 Java 侧的交互。

（15）NP_Shutdown

关闭 Plugin，浏览器在销毁了所有 Plugin 实例以后就会调用这个函数，从而释放一些全局的资源。

调用和显示 Android 插件主文件的代码如下：

```
/*
 * Copyright 2008, The Android Open Source Project
 *
 * Redistribution and use in source and binary forms, with or without
 * modification, are permitted provided that the following conditions
 * are met:
 *   * Redistributions of source code must retain the above copyright
 *     notice, this list of conditions and the following disclaimer.
 *   * Redistributions in binary form must reproduce the above copyright
 *     notice, this list of conditions and the following disclaimer in the
 *     documentation and/or other materials provided with the distribution.
 *
 * THIS SOFTWARE IS PROVIDED BY THE COPYRIGHT HOLDERS ``AS IS'' AND ANY
 * EXPRESS OR IMPLIED WARRANTIES, INCLUDING, BUT NOT LIMITED TO, THE
```

```
 * IMPLIED WARRANTIES OF MERCHANTABILITY AND FITNESS FOR A PARTICULAR
 * PURPOSE ARE DISCLAIMED.  IN NO EVENT SHALL APPLE COMPUTER, INC. OR
 * CONTRIBUTORS BE LIABLE FOR ANY DIRECT, INDIRECT, INCIDENTAL, SPECIAL,
 * EXEMPLARY, OR CONSEQUENTIAL DAMAGES (INCLUDING, BUT NOT LIMITED TO,
 * PROCUREMENT OF SUBSTITUTE GOODS OR SERVICES; LOSS OF USE, DATA, OR
 * PROFITS; OR BUSINESS INTERRUPTION) HOWEVER CAUSED AND ON ANY THEORY
 * OF LIABILITY, WHETHER IN CONTRACT, STRICT LIABILITY, OR TORT
 * (INCLUDING NEGLIGENCE OR OTHERWISE) ARISING IN ANY WAY OUT OF THE USE
 * OF THIS SOFTWARE, EVEN IF ADVISED OF THE POSSIBILITY OF SUCH DAMAGE.
 */
//main.cpp
001 #include <stdlib.h>
002 #include <string.h>
003 #include <stdio.h>
004 #include "main.h"
005 #include "PluginObject.h"
006 #include "AnimationPlugin.h"
007 #include "AudioPlugin.h"
008 #include "BackgroundPlugin.h"
009 #include "FormPlugin.h"
010 #include "PaintPlugin.h"
011
012 NPNetscapeFuncs* browser;
013 #define EXPORT __attribute__((visibility("default")))
014
015 NPError NPP_New(NPMIMEType Plugin Type, NPP instance, uint16 mode, int16 argc,
016         char* argn[], char* argv[], NPSavedData* saved);
017 NPError NPP_Destroy(NPP instance, NPSavedData** save);
018 NPError NPP_SetWindow(NPP instance, NPWindow* window);
019 NPError NPP_NewStream(NPP instance, NPMIMEType type, NPStream* stream,
020         NPBool seekable, uint16* stype);
021 NPError NPP_DestroyStream(NPP instance, NPStream* stream, NPReason reason);
022 int32   NPP_WriteReady(NPP instance, NPStream* stream);
023 int32   NPP_Write(NPP instance, NPStream* stream, int32 offset, int32 len,
024         void* buffer);
025 void    NPP_StreamAsFile(NPP instance, NPStream* stream, const char* fname);
026 void    NPP_Print(NPP instance, NPPrint* platformPrint);
027 int16   NPP_HandleEvent(NPP instance, void* event);
028 void    NPP_URLNotify(NPP instance, const char* URL, NPReason reason,
```

```
029         void* notifyData);
030 NPError NPP_GetValue(NPP instance, NPPVariable variable, void
    *value);
031 NPError NPP_SetValue(NPP instance, NPNVariable variable, void
    *value);
032
033 extern "C" {
034 EXPORT NPError NP_Initialize(NPNetscapeFuncs* browserFuncs, NPPlugin
    Funcs* PluginFuncs, void *java_env, void *application_context);
035 EXPORT NPError NP_GetValue(NPP instance, NPPVariable variable, void
    *value);
036 EXPORT const char* NP_GetMIMEDescription(void);
037 EXPORT void NP_Shutdown(void);
038 };
039
040 ANPAudioTrackInterfaceV0    gSoundI;
041 ANPBitmapInterfaceV0        gBitmapI;
042 ANPCanvasInterfaceV0        gCanvasI;
043 ANPLogInterfaceV0           gLogI;
044 ANPPaintInterfaceV0         gPaintI;
045 ANPPathInterfaceV0          gPathI;
046 ANPSurfaceInterfaceV0       gSurfaceI;
047 ANPSystemInterfaceV0        gSystemI;
048 ANPTypefaceInterfaceV0      gTypefaceI;
049 ANPWindowInterfaceV0        gWindowI;
050
051 #define ARRAY_COUNT(array)    (sizeof(array) / sizeof(array[0]))
052 #define DEBUG_Plugin_EVENTS   0
053
054 NPError NP_Initialize(NPNetscapeFuncs* browserFuncs, NPPlugin
    Funcs* PluginFuncs, void *java_env, void *application_context)
055 {
056    // Make sure we have a function table equal or larger than we
       are built against.
057    if (browserFuncs->size < sizeof(NPNetscapeFuncs)) {
058        return NPERR_GENERIC_ERROR;
059    }
060
061    // Copy the function table (structure)
062    browser = (NPNetscapeFuncs*) malloc(sizeof(NPNetscapeFuncs));
063    memcpy(browser, browserFuncs, sizeof(NPNetscapeFuncs));
064
065    // Build the Plugin function table
066    PluginFuncs->version = 11;
```

```c
067    PluginFuncs->size = sizeof(PluginFuncs);
068    PluginFuncs->newp = NPP_New;
069    PluginFuncs->destroy = NPP_Destroy;
070    PluginFuncs->setwindow = NPP_SetWindow;
071    PluginFuncs->newstream = NPP_NewStream;
072    PluginFuncs->destroystream = NPP_DestroyStream;
073    PluginFuncs->asfile = NPP_StreamAsFile;
074    PluginFuncs->writeready = NPP_WriteReady;
075    PluginFuncs->write = (NPP_WriteProcPtr)NPP_Write;
076    PluginFuncs->print = NPP_Print;
077    PluginFuncs->event = NPP_HandleEvent;
078    PluginFuncs->urlnotify = NPP_URLNotify;
079    PluginFuncs->getvalue = NPP_GetValue;
080    PluginFuncs->setvalue = NPP_SetValue;
081
082    static const struct {
083        NPNVariable   v;
084        uint32_t      size;
085        ANPInterface* i;
086    } gPairs[] = {
087        { kAudioTrackInterfaceV0_ANPGetValue, sizeof(gSoundI),
           &gSoundI },
088      { kBitmapInterfaceV0_ANPGetValue, sizeof(gBitmapI),&gBitmapI },
089      { kCanvasInterfaceV0_ANPGetValue, sizeof(gCanvasI), &gCanvasI },
090        { kLogInterfaceV0_ANPGetValue, sizeof(gLogI), &gLogI },
091      { kPaintInterfaceV0_ANPGetValue, sizeof(gPaintI), &gPaintI },
092       { kPathInterfaceV0_ANPGetValue, sizeof(gPathI), &gPathI },
093        { kSurfaceInterfaceV0_ANPGetValue, sizeof(gSurfaceI),
           &gSurfaceI },
094        { kSystemInterfaceV0_ANPGetValue, sizeof(gSystemI),
           &gSystemI },
095        { kTypefaceInterfaceV0_ANPGetValue, sizeof(gTypefaceI),
           &gTypefaceI },
096      { kWindowInterfaceV0_ANPGetValue, sizeof(gWindowI), &gWindowI },
097    };
098    for (size_t i = 0; i < ARRAY_COUNT(gPairs); i++) {
099        gPairs[i].i->inSize = gPairs[i].size;
100        NPError err = browser->getvalue(NULL, gPairs[i].v,
           gPairs[i].i);
101        if (err) {
102            return err;
103        }
104    }
105
```

```
106       return NPERR_NO_ERROR;
107  }
108
109  void NP_Shutdown(void)
110  {
111
112  }
113
114  const char *NP_GetMIMEDescription(void)
115  {
116     return "application/x-testbrowserPlugin:tst:Test Plugin mimetype
          is application/x-testbrowserPlugin";
117  }
118
119  NPError NPP_New(NPMIMETypePluginType, NPP instance, uint16 mode,
     int16 argc,
120               char* argn[], char* argv[], NPSavedData* saved)
121  {
122
123     /* BEGIN: STANDARD Plugin FRAMEWORK */
124     PluginObject *obj = NULL;
125
126     // Scripting functions appeared in NPAPI version 14
127     if (browser->version >= 14) {
128     instance->pdata = browser->createobject (instance, getPlugin
          Class());
129     obj = static_cast<PluginObject*>(instance->pdata);
130     bzero(obj, sizeof(*obj));
131     }
132     /* END: STANDARD Plugin FRAMEWORK */
133
134     // select the drawing model based on user input
135     ANPDrawingModel model = kBitmap_ANPDrawingModel;
136
137     for (int i = 0; i < argc; i++) {
138        if (!strcmp(argn[i], "DrawingModel")) {
139           if (!strcmp(argv[i], "Bitmap")) {
140              model = kBitmap_ANPDrawingModel;
141           }
142           else if (!strcmp(argv[i], "Surface")) {
143              model = kSurface_ANPDrawingModel;
144           }
145           gLogI.log(instance, kDebug_ANPLogType, "------ %p
             Drawing Model is %d", instance, model);
```

```
146          break;
147       }
148    }
149
150    // notify the Plugin API of the location of the java interface
151    char* className = "com.android.samplePlugin.SamplePluginStub";
152    NPError npErr = browser->setvalue(instance, kSetPluginStub
       JavaClassName_ANPSetValue,
153                    reinterpret_cast<void*>(className));
154    if (npErr) {
155       gLogI.log(instance, kError_ANPLogType, "set class err %d",
          npErr);
156       return npErr;
157    }
158
159    // notify the Plugin API of the drawing model we wish to use. This must be
160    // done prior to creating certain subPlugin objects (e.g. surface Views)
161    NPError err = browser->setvalue(instance, kRequestDrawing
       Model_ ANPSetValue,
162                    reinterpret_cast<void*>(model));
163    if (err) {
164       gLogI.log(instance, kError_ANPLogType, "request model %d err
          %d", model, err);
165       return err;
166    }
167
168    const char* path = gSystemI.getApplicationDataDirectory();
169    if (path) {
170       gLogI.log(instance, kDebug_ANPLogType, "Application data
          dir is %s", path);
171    } else {
172       gLogI.log(instance, kError_ANPLogType, "Can't find Application
          data dir");
173    }
174
175    // select the PluginType
176    for (int i = 0; i < argc; i++) {
177       if (!strcmp(argn[i], "PluginType")) {
178          if (!strcmp(argv[i], "Animation")) {
179             obj->PluginType = kAnimation_PluginType;
180             obj->activePlugin = new BallAnimation(instance);
181          }
```

```
182            else if (!strcmp(argv[i], "Audio")) {
183                obj->PluginType = kAudio_PluginType;
184                obj->activePlugin = new AudioPlugin(instance);
185            }
186            else if (!strcmp(argv[i], "Background")) {
187                obj->PluginType = kBackground_PluginType;
188                obj->activePlugin = new BackgroundPlugin(instance);
189            }
190            else if (!strcmp(argv[i], "Form")) {
191                obj->PluginType = kForm_PluginType;
192                obj->activePlugin = new FormPlugin(instance);
193            }
194            else if (!strcmp(argv[i], "Paint")) {
195                obj->PluginType = kPaint_PluginType;
196                obj->activePlugin = new PaintPlugin(instance);
197            }
198            gLogI.log(instance, kDebug_ANPLogType, "------ %p
               Plugin Type is %d", instance, obj->PluginType);
199            break;
200        }
201    }
202
203    // if no PluginType is specified then default to Animation
204    if (!obj->PluginType) {
205      gLogI.log(instance, kError_ANPLogType, "------ %p No PluginType
      attribute was found", instance);
206      obj->PluginType = kAnimation_PluginType;
207      obj->activePlugin = new BallAnimation(instance);
208    }
209
210    // check to ensure the PluginType supports the model
211    if (!obj->activePlugin->supportsDrawingModel(model)) {
212      gLogI.log(instance, kError_ANPLogType, "------ %p Unsupported
      DrawingModel (%d)", instance, model);
213      return NPERR_GENERIC_ERROR;
214    }
215
216    return NPERR_NO_ERROR;
217 }
218
219 NPError NPP_Destroy(NPP instance, NPSavedData** save)
220 {
221    PluginObject *obj = (PluginObject*) instance->pdata;
222    delete obj->activePlugin;
```

```
223
224     return NPERR_NO_ERROR;
225 }
226
227 NPError NPP_SetWindow(NPP instance, NPWindow* window)
228 {
229     PluginObject *obj = (PluginObject*) instance->pdata;
230
231     // Do nothing if browser didn't support NPN_CreateObject which
        would have created the PluginObject.
232     if (obj != NULL) {
233         obj->window = window;
234     }
235
236     browser->invalidaterect(instance, NULL);
237
238     return NPERR_NO_ERROR;
239 }
240
241 NPError NPP_NewStream(NPP instance, NPMIMEType type, NPStream*
    stream, NPBool seekable, uint16* stype)
242 {
243     *stype = NP_ASFILEONLY;
244     return NPERR_NO_ERROR;
245 }
246
247 NPError NPP_DestroyStream(NPP instance, NPStream* stream, NPReason
    reason)
248 {
249     return NPERR_NO_ERROR;
250 }
251
252 int32 NPP_WriteReady(NPP instance, NPStream* stream)
253 {
254     return 0;
255 }
256
257 int32 NPP_Write(NPP instance, NPStream* stream, int32 offset, int32
    len, void* buffer)
258 {
259     return 0;
260 }
261
262 void NPP_StreamAsFile(NPP instance, NPStream* stream, const char* fname)
```

```cpp
263 {
264 }
265
266 void NPP_Print(NPP instance, NPPrint* platformPrint)
267 {
268 }
269
270 int16 NPP_HandleEvent(NPP instance, void* event)
271 {
272     PluginObject *obj = reinterpret_cast<PluginObject*> (instance->pdata);
273     const ANPEvent* evt = reinterpret_cast<const ANPEvent*>(event);
274
275 #if DEBUG_Plugin_EVENTS
276     switch (evt->eventType) {
277         case kDraw_ANPEventType:
278
279             if (evt->data.draw.model == kBitmap_ANPDrawingModel) {
280
281                 static ANPBitmapFormat currentFormat = -1;
282             if (evt->data.draw.data.bitmap.format != currentFormat) {
283                 currentFormat = evt->data.draw.data.bitmap.format;
284                 gLogI.log(instance, kDebug_ANPLogType, "---- %p Draw (bitmap)"
285                             " clip=%d,%d,%d,%d format=%d", instance,
286                             evt->data.draw.clip.left,
287                             evt->data.draw.clip.top,
288                             evt->data.draw.clip.right,
289                             evt->data.draw.clip.bottom,
290                             evt->data.draw.data.bitmap.format);
291             }
292         }
293         break;
294
295         case kKey_ANPEventType:
296             gLogI.log(instance, kDebug_ANPLogType, "---- %p Key action=%d"
297                         " code=%d vcode=%d unichar=%d repeat=%d mods=%x",
                            instance,
298                         evt->data.key.action,
299                         evt->data.key.nativeCode,
300                         evt->data.key.virtualCode,
301                         evt->data.key.unichar,
302                         evt->data.key.repeatCount,
```

```
303                             evt->data.key.modifiers);
304             break;
305
306     case kLifecycle_ANPEventType:
307         gLogI.log(instance, kDebug_ANPLogType, "---- %p Lifecycle
                action=%d",
308                             instance, evt->data.lifecycle.action);
309             break;
310
311     case kTouch_ANPEventType:
312         gLogI.log(instance, kDebug_ANPLogType, "---- %p Touch
                action=%d [%d %d]",
313                             instance, evt->data.touch.action, evt->data.
                                touch.x,
314                             evt->data.touch.y);
315             break;
316
317     case kMouse_ANPEventType:
318         gLogI.log(instance, kDebug_ANPLogType, "---- %p Mouse action=%d
                [%d %d]",
319                             instance, evt->data.mouse.action, evt->data.
                                mouse.x,
320                             evt->data.mouse.y);
321             break;
322
323     case kVisibleRect_ANPEventType:
324         gLogI.log(instance, kDebug_ANPLogType, "---- %p VisibleRect [%d
                %d %d %d]",
325                             instance, evt->data.visibleRect.rect.left,
                                evt->data.visibleRect.rect.top,
326                             evt->data.visibleRect.rect.right, evt->data.
                                visibleRect.rect.bottom);
327             break;
328
329     default:
330         gLogI.log(instance, kError_ANPLogType, "---- %p Unknown
                Event [%d]",
331                             instance, evt->eventType);
332             break;
333     }
334 #endif
335
336     if(!obj->activePlugin) {
337         gLogI.log(instance, kError_ANPLogType, "the active Plugin
```

```
    is null.");
338         return 0; // unknown or unhandled event
339     }
340     else {
341         return obj->activePlugin->handleEvent(evt);
342     }
343 }
344
345 void NPP_URLNotify(NPP instance, const char* url, NPReason reason,
    void* notifyData)
346 {
347
348 }
349
350 EXPORT NPError NP_GetValue(NPP instance, NPPVariable variable, void
    *value) {
351
352     if (variable == NPPVPluginNameString) {
353         const char **str = (const char **)value;
354         *str = "Test Plugin";
355         return NPERR_NO_ERROR;
356     }
357
358     if (variable == NPPVPluginDescriptionString) {
359         const char **str = (const char **)value;
360         *str = "Description of Test Plugin";
361         return NPERR_NO_ERROR;
362     }
363
364     return NPERR_GENERIC_ERROR;
365 }
366
367 NPError NPP_GetValue(NPP instance, NPPVariable variable, void
    *value)
368 {
369     if (variable == NPPVPluginScriptableNPObject) {
370         void **v = (void **)value;
371         PluginObject *obj = (PluginObject*) instance->pdata;
372
373         if (obj)
374             browser->retainobject((NPObject*)obj);
375
376         *v = obj;
377         return NPERR_NO_ERROR;
```

```
378      }
379
380      return NPERR_GENERIC_ERROR;
381 }
382
383 NPError NPP_SetValue(NPP instance, NPNVariable variable, void
    *value)
384 {
385      return NPERR_GENERIC_ERROR;
386 }
```

实现 Android 浏览器插件功能的文件：BackgroundPlugin.cpp。

```
/*
 * Copyright 2008, The Android Open Source Project
 *
 * Redistribution and use in source and binary forms, with or without
 * modification, are permitted provided that the following conditions
 * are met:
 *  * Redistributions of source code must retain the above copyright
 *    notice, this list of conditions and the following disclaimer.
 *  * Redistributions in binary form must reproduce the above copyright
 *    notice, this list of conditions and the following disclaimer in the
 *    documentation and/or other materials provided with the distribution.
 *
 * THIS SOFTWARE IS PROVIDED BY THE COPYRIGHT HOLDERS ``AS IS'' AND ANY
 * EXPRESS OR IMPLIED WARRANTIES, INCLUDING, BUT NOT LIMITED TO, THE
 * IMPLIED WARRANTIES OF MERCHANTABILITY AND FITNESS FOR A PARTICULAR
 * PURPOSE ARE DISCLAIMED.  IN NO EVENT SHALL APPLE COMPUTER, INC. OR
 * CONTRIBUTORS BE LIABLE FOR ANY DIRECT, INDIRECT, INCIDENTAL, SPECIAL,
 * EXEMPLARY, OR CONSEQUENTIAL DAMAGES (INCLUDING, BUT NOT LIMITED TO,
 * PROCUREMENT OF SUBSTITUTE GOODS OR SERVICES; LOSS OF USE, DATA, OR
 * PROFITS; OR BUSINESS INTERRUPTION) HOWEVER CAUSED AND ON ANY THEORY
 * OF LIABILITY, WHETHER IN CONTRACT, STRICT LIABILITY, OR TORT
 * (INCLUDING NEGLIGENCE OR OTHERWISE) ARISING IN ANY WAY OUT OF THE USE
 * OF THIS SOFTWARE, EVEN IF ADVISED OF THE POSSIBILITY OF SUCH DAMAGE.
 */
001 #include "BackgroundPlugin.h"
002 #include "android_npapi.h"
003
004 #include <stdio.h>
005 #include <sys/time.h>
006 #include <time.h>
007 #include <math.h>
008 #include <string.h>
```

```
009
010 extern NPNetscapeFuncs*        browser;
011 extern ANPBitmapInterfaceV0    gBitmapI;
012 extern ANPCanvasInterfaceV0    gCanvasI;
013 extern ANPLogInterfaceV0       gLogI;
014 extern ANPPaintInterfaceV0     gPaintI;
015 extern ANPSurfaceInterfaceV0   gSurfaceI;
016 extern ANPTypefaceInterfaceV0  gTypefaceI;
017
018 #define ARRAY_COUNT(array)     (sizeof(array) / sizeof(array[0]))
019
020 static uint32_t getMSecs() {
021     struct timeval tv;
022     gettimeofday(&tv, NULL);
023     return (uint32_t) (tv.tv_sec * 1000 + tv.tv_usec / 1000 ); // microseconds to milliseconds
024 }
025
026 ////////////////////////////////////////////////////////////////////// ////////
027
028 BackgroundPlugin::BackgroundPlugin(NPP inst) : SurfaceSubPlugin(inst) {
029
030     // initialize the drawing surface
031     m_surface = NULL;
032     m_vm = NULL;
033
034     //initialize bitmap transparency variables
035     mFinishedStageOne   = false;
036     mFinishedStageTwo   = false;
037     mFinishedStageThree = false;
038
039     // test basic Plugin functionality
040     test_logging(); // android logging
041     test_timers();  // Plugin timers
042     test_bitmaps(); // android bitmaps
043     test_domAccess();
044     test_javascript();
045 }
046
047 BackgroundPlugin::~BackgroundPlugin() { }
048
049 bool BackgroundPlugin::supportsDrawingModel(ANPDrawingModel model) {
```

```cpp
050     return (model == kSurface_ANPDrawingModel);
051 }
052
053 bool BackgroundPlugin::isFixedSurface() {
054     return false;
055 }
056
057 void BackgroundPlugin::surfaceCreated(JNIEnv* env, jobject surface) {
058     env->GetJavaVM(&m_vm);
059     m_surface = env->NewGlobalRef(surface);
060 }
061
062 void BackgroundPlugin::surfaceChanged(int format, int width, int height) {
063     drawPlugin(width, height);
064 }
065
066 void BackgroundPlugin::surfaceDestroyed() {
067     JNIEnv* env = NULL;
068     if (m_surface && m_vm->GetEnv((void**) &env, JNI_VERSION_1_4) == JNI_OK) {
069         env->DeleteGlobalRef(m_surface);
070         m_surface = NULL;
071     }
072 }
073
074 void BackgroundPlugin::drawPlugin(int surfaceWidth,int surfaceHeight){
075
076     // get the Plugin's dimensions according to the DOM
077     PluginObject *obj = (PluginObject*) inst()->pdata;
078     const int W = obj->window->width;
079     const int H = obj->window->height;
080
081     // compute the current zoom level
082     const float zoomFactorW = static_cast<float>(surfaceWidth) / W;
083     const float zoomFactorH = static_cast<float>(surfaceHeight) / H;
084
085     // check to make sure the zoom level is uniform
086     if (zoomFactorW + .01 < zoomFactorH && zoomFactorW - .01 > zoomFactorH)
087         gLogI.log(inst(), kError_ANPLogType, " ------ %p zoom is out of sync (%f,%f)",
088                   inst(), zoomFactorW, zoomFactorH);
089
```

```
090    // scale the variables based on the zoom level
091    const int fontSize = (int)(zoomFactorW * 16);
092    const int leftMargin = (int)(zoomFactorW * 10);
093
094    // lock the surface
095    ANPBitmap bitmap;
096    JNIEnv* env = NULL;
097    if (!m_surface || m_vm->GetEnv((void**) &env, JNI_VERSION_
       1_4) != JNI_OK ||
098        !gSurfaceI.lock(env, m_surface, &bitmap, NULL)) {
099        gLogI.log(inst(), kError_ANPLogType, " ------ %p unable to lock
           the Plugin", inst());
100        return;
101    }
102
103    // create a canvas
104    ANPCanvas* canvas = gCanvasI.newCanvas(&bitmap);
105    gCanvasI.drawColor(canvas, 0xFFFFFFFF);
106
107    ANPPaint* paint = gPaintI.newPaint();
108    gPaintI.setFlags(paint, gPaintI.getFlags(paint) | kAntiAlias_
       ANPPaintFlag);
109    gPaintI.setColor(paint, 0xFFFF0000);
110    gPaintI.setTextSize(paint, fontSize);
111
112    ANPTypeface* tf = gTypefaceI.createFromName("serif", kItalic_
       ANPTypefaceStyle);
113    gPaintI.setTypeface(paint, tf);
114    gTypefaceI.unref(tf);
115
116    ANPFontMetrics fm;
117    gPaintI.getFontMetrics(paint, &fm);
118
119    gPaintI.setColor(paint, 0xFF0000FF);
120    const char c[] = "This is a background Plugin.";
121    gCanvasI.drawText(canvas, c, sizeof(c)-1, leftMargin, -fm.fTop,
       paint);
122
123    // clean up variables and unlock the surface
124    gPaintI.deletePaint(paint);
125    gCanvasI.deleteCanvas(canvas);
126    gSurfaceI.unlock(env, m_surface);
127 }
128
```

```cpp
129 int16 BackgroundPlugin::handleEvent(const ANPEvent* evt) {
130     switch (evt->eventType) {
131         case kDraw_ANPEventType:
132         gLogI.log(inst(), kError_ANPLogType, " ------ %p the Plugin
            did not request draw events", inst());
133             break;
134         case kLifecycle_ANPEventType:
135             if (evt->data.lifecycle.action == kOnLoad_ ANPLifecycle
                Action) {
136                 gLogI.log(inst(), kDebug_ANPLogType, " ------ %p the
                    Plugin received an onLoad event", inst());
137                 return 1;
138             }
139             break;
140         case kTouch_ANPEventType:
141             gLogI.log(inst(), kError_ANPLogType, " ------ %p the
                Plugin did not request touch events", inst());
142             break;
143         case kKey_ANPEventType:
144             gLogI.log(inst(), kError_ANPLogType, " ------ %p the
                Plugin did not request key events", inst());
145             break;
146         default:
147             break;
148     }
149     return 0;   // unknown or unhandled event
150 }
151
152 /////////////////////////////////////////////////////////////////////
    ///// ////////////
153 // LOGGING TESTS
154 /////////////////////////////////////////////////////////////////////
    ///////// ////////////
155
156
157 void BackgroundPlugin::test_logging() {
158     NPP instance = this->inst();
159
160     //LOG_ERROR(instance, " ------ %p Testing Log Error", instance);
161     gLogI.log(instance, kError_ANPLogType, " ------ %p Testing Log
        Error", instance);
162     gLogI.log(instance, kWarning_ANPLogType, " ------ %p Testing
        Log Warning", instance);
163     gLogI.log(instance, kDebug_ANPLogType, " ------ %p Testing Log
```

```
        Debug", instance);
164 }
165
166 //////////////////////////////////////////////////////////
    ////// ////////////
167 // TIMER TESTS
168 //////////////////////////////////////////////////////////
    //// ////////////
169
170 #define TIMER_INTERVAL    50
171 static void timer_oneshot(NPP instance, uint32 timerID);
172 static void timer_repeat(NPP instance, uint32 timerID);
173 static void timer_neverfires(NPP instance, uint32 timerID);
174 static void timer_latency(NPP instance, uint32 timerID);
175
176 void BackgroundPlugin::test_timers() {
177     NPP instance = this->inst();
178
179     //Setup the testing counters
180     mTimerRepeatCount = 5;
181     mTimerLatencyCount = 5;
182
183     // test for bogus timerID
184     browser->unscheduletimer(instance, 999999);
185     // test one-shot
186     browser->scheduletimer(instance, 100, false, timer_oneshot);
187     // test repeat
188     browser->scheduletimer(instance, 50, true, timer_repeat);
189     // test timer latency
190     browser->scheduletimer(instance, TIMER_INTERVAL, true, timer_
            latency);
191     mStartTime = mPrevTime = getMSecs();
192     // test unschedule immediately
193     uint32 id = browser->scheduletimer(instance, 100, false, timer_
            neverfires);
194     browser->unscheduletimer(instance, id);
195     // test double unschedule (should be no-op)
196     browser->unscheduletimer(instance, id);
197
198 }
199
200 static void timer_oneshot(NPP instance, uint32 timerID) {
201     gLogI.log(instance, kDebug_ANPLogType, "-------- oneshot
            timer\n");
```

```
202 }
203
204 static void timer_repeat(NPP instance, uint32 timerID) {
205     BackgroundPlugin *obj = ((BackgroundPlugin*) ((PluginObject*)
        instance->pdata)->activePlugin);
206
207     gLogI.log(instance, kDebug_ANPLogType, "-------- repeat timer %d\n",
208             obj->mTimerRepeatCount);
209     if (--obj->mTimerRepeatCount == 0) {
210         browser->unscheduletimer(instance, timerID);
211     }
212 }
213
214 static void timer_neverfires(NPP instance, uint32 timerID) {
215     gLogI.log(instance, kError_ANPLogType, "-------- timer_
        neverfire- s!!!\n");
216 }
217
218 static void timer_latency(NPP instance, uint32 timerID) {
219     BackgroundPlugin *obj = ((BackgroundPlugin*) ((PluginObject*)
        instance->pdata)->activePlugin);
220
221     obj->mTimerLatencyCurrentCount += 1;
222
223     uint32_t now = getMSecs();
224     uint32_t interval = now - obj->mPrevTime;
225     uint32_t dur = now - obj->mStartTime;
226     uint32_t expectedDur = obj->mTimerLatencyCurrentCount * TIMER_
        INTERVAL;
227     int32_t drift = dur - expectedDur;
228     int32_t avgDrift = drift / obj->mTimerLatencyCurrentCount;
229
230     obj->mPrevTime = now;
231
232     gLogI.log(instance, kDebug_ANPLogType,
233             "-------- latency test: [%3d] interval %d expected %d,
             total %d expected %d, drift %d avg %d\n",
234             obj->mTimerLatencyCurrentCount, interval, TIMER_
            INTERVAL, dur,
235             expectedDur, drift, avgDrift);
236
237     if (--obj->mTimerLatencyCount == 0) {
238         browser->unscheduletimer(instance, timerID);
```

```
239         }
240 }
241
242 ///////////////////////////////////////////////////////////////
    ////// ////////////
243 // BITMAP TESTS
244 ///////////////////////////////////////////////////////////////
    ////// ////////////
245
246 static void test_formats(NPP instance);
247
248 void BackgroundPlugin::test_bitmaps() {
249     test_formats(this->inst());
250 }
251
252 static void test_formats(NPP instance) {
253
254     // TODO pull names from enum in npapi instead of hardcoding them
255     static const struct {
256         ANPBitmapFormat fFormat;
257         const char*     fName;
258     } gRecs[] = {
259         { kUnknown_ANPBitmapFormat,   "unknown" },
260         { kRGBA_8888_ANPBitmapFormat, "8888" },
261         { kRGB_565_ANPBitmapFormat,   "565" },
262     };
263
264     ANPPixelPacking packing;
265     for (size_t i = 0; i < ARRAY_COUNT(gRecs); i++) {
266         if (gBitmapI.getPixelPacking(gRecs[i].fFormat, &packing)) {
267             gLogI.log(instance, kDebug_ANPLogType,
268                 "pixel format [%d] %s has packing ARGB [%d %d]"
                 " [%d %d] [%d %d] [%d %d]\n",
269                 gRecs[i].fFormat, gRecs[i].fName,
270                 packing.AShift, packing.ABits,
271                 packing.RShift, packing.RBits,
272                 packing.GShift, packing.GBits,
273                 packing.BShift, packing.BBits);
274         } else {
275             gLogI.log(instance, kDebug_ANPLogType,
276                 "pixel format [%d] %s has no packing\n",
277                 gRecs[i].fFormat, gRecs[i].fName);
278         }
279     }
```

```
280 }
281
282 void BackgroundPlugin::test_bitmap_transparency(const ANPEvent* evt) {
283     NPP instance = this->inst();
284
285     // check default & set transparent
286     if (!mFinishedStageOne) {
287
288         gLogI.log(instance, kDebug_ANPLogType, "BEGIN: testing
            bitmap transparency");
289
290         //check to make sure it is not transparent
291         if (evt->data.draw.data.bitmap.format == kRGBA_8888_ANPBitmap
            Format) {
292             gLogI.log(instance, kError_ANPLogType, "bitmap default
                format is transparent");
293         }
294
295         //make it transparent (any non-null value will set it to true)
296         bool value = true;
297         NPError err = browser->setvalue(instance, NPPV Plugin
            TransparentBool, &value);
298         if (err != NPERR_NO_ERROR) {
299             gLogI.log(instance, kError_ANPLogType, "Error setting
                transparency.");
300         }
301
302         mFinishedStageOne = true;
303         browser->invalidaterect(instance, NULL);
304     }
305     // check transparent & set opaque
306     else if (!mFinishedStageTwo) {
307
308         //check to make sure it is transparent
309         if (evt->data.draw.data.bitmap.format != kRGBA_8888_
            ANPBitmap Format) {
310             gLogI.log(instance, kError_ANPLogType, "bitmap did not
                change to transparent format");
311         }
312
313         //make it opaque
314         NPError err = browser->setvalue(instance, NPPV Plugin
            TransparentBool, NULL);
```

```
315        if (err != NPERR_NO_ERROR) {
316            gLogI.log(instance, kError_ANPLogType, "Error setting
                transparency.");
317        }
318
319        mFinishedStageTwo = true;
320     }
321     // check opaque
322     else if (!mFinishedStageThree) {
323
324        //check to make sure it is not transparent
325        if (evt->data.draw.data.bitmap.format == kRGBA_8888_ANP
            Bitmap Format) {
326            gLogI.log(instance, kError_ANPLogType, "bitmap default
                format is transparent");
327        }
328
329        gLogI.log(instance, kDebug_ANPLogType, "END: testing bitmap
                transparency");
330
331        mFinishedStageThree = true;
332     }
333 }
334
335 ////////////////////////////////////////////////////////////////////
    //////// ////////////
336 // DOM TESTS
337 ////////////////////////////////////////////////////////////////////
    //// ////////////
338
339 void BackgroundPlugin::test_domAccess() {
340     NPP instance = this->inst();
341
342     gLogI.log(instance, kDebug_ANPLogType, " ------ %p Testing DOM
            Access", instance);
343
344     // Get the Plugin's DOM object
345     NPObject* windowObject = NULL;
346     browser->getvalue(instance, NPNVWindowNPObject, &windowObject);
347
348     if (!windowObject)
349         gLogI.log(instance, kError_ANPLogType, " ------ %p Unable
                to retrieve DOM Window", instance);
350
```

```cpp
351     // Retrieve a property from the Plugin 's DOM object
352     NPIdentifier topIdentifier = browser->getstringidentifier("top");
353     NPVariant topObjectVariant;
354     browser->getproperty(instance, windowObject, topIdentifier,
        &topObjectVariant);
355
356     if (topObjectVariant.type != NPVariantType_Object)
357         gLogI.log(instance, kError_ANPLogType, " ------ %p Invalid
        Variant type for DOM Property: %d,%d", instance, topObjectVariant.
        type, NPVariantType_Object);
358 }
359
360
361 ////////////////////////////////////////////////////////////////////
    //////// ////////////
362 // JAVASCRIPT TESTS
363 //////////////////////////////////////////////////////////////////////
    //// ////////////
364
365
366 void BackgroundPlugin::test_javascript() {
367     NPP instance = this->inst();
368
369     gLogI.log(instance, kDebug_ANPLogType, " ------ %p Testing Java Script
        Access", instance);
370
371     // Get the Plugin's DOM object
372     NPObject* windowObject = NULL;
373     browser->getvalue(instance, NPNVWindowNPObject, &windowObject);
374
375     if (!windowObject)
376         gLogI.log(instance, kError_ANPLogType, " ------ %p Unable
            to retrieve DOM Window", instance);
377
378     // create a string (JS code) that is stored in memory allocated
        by the browser
379     const char* jsString = "1200 + 34";
380     void* stringMem = browser->memalloc(strlen(jsString));
381     memcpy(stringMem, jsString, strlen(jsString));
382
383     // execute the javascript in the Plugin 's DOM object
384     NPString script = { (char*)stringMem, strlen(jsString) };
385     NPVariant scriptVariant;
386     if (!browser->evaluate(instance, windowObject, &script,
```

```
            &script Variant))
387         gLogI.log(instance, kError_ANPLogType, " ------ %p Unable
            to eval the JS.", instance);
388
389     if (scriptVariant.type == NPVariantType_Int32) {
390         if (scriptVariant.value.intValue != 1234)
391           gLogI.log(instance, kError_ANPLogType, " ------ %p
              Invalid Value for JS Return: %d,1234", instance, scriptVariant.
              value.intValue);
392     } else {
393         gLogI.log(instance, kError_ANPLogType, " ------ %p Invalid
            Variant type for JS Return: %d,%d", instance, scriptVariant.
            type, NPVariant Type_Int32);
394     }
395
396     // free the memory allocated within the browser
397     browser->memfree(stringMem);
398 }
```

BackgroundPlugin.h 文件代码:

```
/*
 * Copyright 2008, The Android Open Source Project
 *
 * Redistribution and use in source and binary forms, with or without
 * modification, are permitted provided that the following conditions
 * are met:
 *  * Redistributions of source code must retain the above copyright
 *    notice, this list of conditions and the following disclaimer.
 *  * Redistributions in binary form must reproduce the above copyright
 *    notice, this list of conditions and the following disclaimer in the
 *    documentation and/or other materials provided with the distribution.
 *
 * THIS SOFTWARE IS PROVIDED BY THE COPYRIGHT HOLDERS ``AS IS'' AND ANY
 * EXPRESS OR IMPLIED WARRANTIES, INCLUDING, BUT NOT LIMITED TO, THE
 * IMPLIED WARRANTIES OF MERCHANTABILITY AND FITNESS FOR A PARTICULAR
 * PURPOSE ARE DISCLAIMED.  IN NO EVENT SHALL APPLE COMPUTER, INC. OR
 * CONTRIBUTORS BE LIABLE FOR ANY DIRECT, INDIRECT, INCIDENTAL, SPECIAL,
 * EXEMPLARY, OR CONSEQUENTIAL DAMAGES (INCLUDING, BUT NOT LIMITED TO,
 * PROCUREMENT OF SUBSTITUTE GOODS OR SERVICES; LOSS OF USE, DATA, OR
 * PROFITS; OR BUSINESS INTERRUPTION) HOWEVER CAUSED AND ON ANY THEORY
 * OF LIABILITY, WHETHER IN CONTRACT, STRICT LIABILITY, OR TORT
 * (INCLUDING NEGLIGENCE OR OTHERWISE) ARISING IN ANY WAY OUT OF THE USE
 * OF THIS SOFTWARE, EVEN IF ADVISED OF THE POSSIBILITY OF SUCH DAMAGE.
 */
```

```cpp
#include "PluginObject.h"

#ifndef backgroundPlugin__DEFINED
#define backgroundPlugin__DEFINED

class BackgroundPlugin : public SurfaceSubPlugin {
public:
    BackgroundPlugin(NPP inst);
    virtual ~BackgroundPlugin();
    virtual bool supportsDrawingModel(ANPDrawingModel);
    virtual int16 handleEvent(const ANPEvent* evt);
    virtual void surfaceCreated(JNIEnv* env, jobject surface);
    virtual void surfaceChanged(int format, int width, int height);
    virtual void surfaceDestroyed();
    virtual bool isFixedSurface();

    // Timer Testing Variables
    uint32_t mStartTime;
    uint32_t mPrevTime;
    int     mTimerRepeatCount;
    int     mTimerLatencyCount;
    int     mTimerLatencyCurrentCount;

    // Bitmap Transparency Variables
    bool mFinishedStageOne;    // check default & set transparent
    bool mFinishedStageTwo;    // check transparent & set opaque
    bool mFinishedStageThree;  // check opaque

private:
    void drawPlugin(int surfaceWidth, int surfaceHeight);

    jobject     m_surface;
    JavaVM*     m_vm;

    void test_logging();
    void test_timers();
    void test_bitmaps();
    void test_bitmap_transparency(const ANPEvent* evt);
    void test_domAccess();
    void test_javascript();

};

#endif // backgroundPlugin__DEFINED
```

11.3.3 BrowserPlugin 中的 ANPInterface

为了弥补 NPAPI 在 Android 上的不足，Google 在 Android 的浏览器上实现了 ANPInterface，就是一系列的操作接口（函数），提供了一些 NPAPI 没有的东西。插件可以在初始化的时候获取这些 ANPXXXInterface，并在运行过程中使用。

其实，ANPInterface 提供的接口大多来自 webkit 的底层库（external/webkit/WebKit/ android/ Plugins）。

BrowserPlugin 中的 ANPInterface 列表如下：

```
ANPBitmapInterfaceV0       gBitmapI;
ANPCanvasInterfaceV0       gCanvasI;
ANPLogInterfaceV0          gLogI;
ANPPaintInterfaceV0        gPaintI;
ANPPathInterfaceV0         gPathI;
ANPSurfaceInterfaceV0      gSurfaceI;
ANPSystemInterfaceV0       gSystemI;
ANPTypefaceInterfaceV0     gTypefaceI;
ANPWindowInterfaceV0       gWindowI;
```

11.3.4 BrowserPlugin 的工作流程

BrowserPlugin 的工作流程如图 11-3 所示，具体描述如下。

浏览器解析页面时，遇到插件的 MIME 类型，就去检查插件注册表，如果有，就加载插件。

在插件加载之后，插件先会进行 API 映射，即把各种调配资源的 API 映射到 NPNetscapeFuncs 的结构体指针上，然后作为输入参数调用 NP_Initialize()，NP_Initialize()只被调用一次。

初始化 API 返回成功后（一个 NPPetscapeFuncs 结构体指针），插件入口 API 将被调用，它允许浏览器不必常规地来调用插件端的 APIs。这样入口 API 返回成功后，浏览器的 NPPetscapeFuncs 结构体将被插件端有效的 APIs 指针填充（根据适当的内部流程），并将立即按需被调用。

调用 NPP_New()，实例化插件，如上面的实例 0x312a10 和 0x420f18；每个实例都会被分配给一个数据块，每个实例根据插件的定义填充参数。

调用 NPP_SetWindow()，显示插件。

如果在插件上单击鼠标之类的，就会调用 NPP_HandleEvent()。

关闭此页面，会先调用 NPP_SetWindow()，然后调用 NPP_Destroy()，释放实

例的资源。

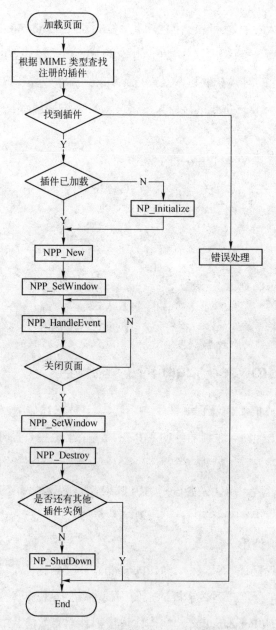

图 11-3　BrowserPlugin 工作流程图

全部实例被 Destroy 后，调用 NP_ShutDown()，释放全局资源。

11.4　编译和运行浏览器插件

修改 jni/main.cpp 文件之后编译（主要是增加 LOGCAT 调试信息），以方便后面分析插件加载流程。

Android浏览器扩展 第11章

进入源码根目录下，运行 make SampleBrowserPlugin。

运行"adb install [apk_file]"，把编译好的插件 apk 安装到设备或模拟器中。

安装成功后，可以通过"Settings→Applications→Manage applications"管理插件。

用包含以下内容的 HTML 页面测试浏览器插件：

```
<object type="application/x-testbrowserPlugin" height=50 width=250>
    <param name="DrawingModel" value="Surface" />
    <param name="PluginType" value="Background" />
</object>
```

用浏览器打开测试网页，将会打印类似以下 log：

```
D/Plugin  (  366): *** NP_Initialize ***
D/Plugin  (  366): *** 0x420f18 START NPP_New ***
D/Plugin  (  366): ------ 0x420f18 DrawingModel is 1
D/Plugin  (  366): Application data dir is /data/data/com.android.
        browser/ app_plugins
E/Plugin  (  366): ------ 0x420f18 Testing Log Error
W/Plugin  (  366): ------ 0x420f18 Testing Log Warning
D/Plugin  (  366): ------ 0x420f18 Testing Log Debug
D/Plugin  (  366): pixel format [0] unknown has no packing
D/Plugin  (  366): pixel format [1] 8888 has packing ARGB [24 8] [0 8]
        [8 8] [16 8]
D/Plugin  (  366): pixel format [2] 565 has packing ARGB [0 0] [11 5]
        [5 6] [0 5]
D/Plugin  (  366): ------ 0x420f18 Testing DOM Access
D/Plugin  (  366): ------ 0x420f18 Testing JavaScript Access
E/Plugin  (  366): ------ 0x420f18 Invalid Variant type for JS Return: 4,3
D/Plugin  (  366): ------ 0x420f18 PluginType is 3
D/Plugin  (  366): *** 0x420f18 END NPP_New ***
D/Plugin  (  366): *** 0x312a10 START NPP_New ***
D/Plugin  (  366): ------ 0x312a10 DrawingModel is 1
D/Plugin  (  366): Application data dir is /data/data/com.android.
        browser/ app_plugins
D/Plugin  (  366): ------ 0x312a10 PluginType is 6
D/Plugin  (  366): *** 0x312a10 END NPP_New ***
D/Plugin  (  366): *** 0x420f18 NPP_SetWindow ***
D/dalvikvm(  366): Trying to load lib /data/data/com.android.
        samplePlugin/ lib/libsamplePlugin.so 0x43c2e448
D/dalvikvm(  366): Added shared lib /data/data/com.android.samplePlugin/
lib/libsamplePlugin.so 0x43c2e448
D/Plugin  (  366): *** 0x312a10 NPP_SetWindow ***
```

```
D/Plugin ( 366): -------- repeat timer 5
D/Plugin ( 366): -------- latency test: [1937207155] interval 421
expected 50, total 421 expected -1923890058, drift 1923890479avg 0
D/Plugin ( 366): -------- oneshot timer
D/Plugin ( 366): -------- repeat timer 4
D/Plugin ( 366): -------- latency test: [1937207156] interval 473
expected 50, total 894 expected -1923890008, drift 1923890902 avg 0
E/Plugin ( 366): ----0x312a10 Invalid Surface Dimensions (300,150):
 (120,60)
D/Plugin ( 366): -------- repeat timer 3
D/Plugin ( 366): -------- latency test: [1937207157] interval 73
expected 50, total 967 expected -1923889958, drift 1923890925 avg 0
D/Plugin ( 366): -------- repeat timer 2
D/Plugin ( 366): -------- latency test: [1937207158] interval 130
expected 50, total 1097 expected -1923889908, drift 1923891005 avg 0
D/Plugin ( 366): *** 0x420f18 NPP_HandleEvent ***
D/Plugin ( 366): ------ 0x420f18 the plugin received an onLoad event
D/Plugin ( 366): *** 0x312a10 NPP_HandleEvent ***
D/Plugin ( 366): -------- repeat timer 1
D/Plugin ( 366): -------- latency test: [1937207159] interval 90
expected 50, total 1187 expected -1923889858, drift 1923891045 avg 0
D/Dalvikvm( 54): GC freed 8773 objects / 568952 bytes in 169ms
D/Plugin ( 366): *** 0x312a10 NPP_HandleEvent ***
D/Plugin ( 366): *** 0x312a10 NPP_HandleEvent ***
D/Plugin ( 366): *** 0x312a10 NPP_HandleEvent ***
D/Plugin ( 366): *** 0x420f18 NPP_HandleEvent ***
D/Plugin ( 366): *** 0x420f18 NPP_HandleEvent ***
D/PowerManagerService( 54): setPowerState: mPowerState=3 newState=7
noChangeLights=false
D/PowerManagerService( 54):   oldKeyboardBright=false newKeyboard
Bright=false
D/PowerManagerService( 54):   oldScreenBright=true newScreenBright=
true
D/PowerManagerService( 54):   oldButtonBright=false newButton
Bright= true
D/PowerManagerService( 54):   oldScreenOn=true newScreenOn=true
D/PowerManagerService( 54):   oldBatteryLow=false newBatteryLow=false
W/KeyCharacterMap( 366): No keyboard for id 0
W/KeyCharacterMap( 366): Using default keymap: /system/usr/keychars/
 qwerty.kcm.bin
D/Plugin ( 366): *** 0x420f18 NPP_SetWindow ***
D/Plugin ( 366): *** 0x420f18 NPP_Destroy ***
D/Plugin ( 366): *** 0x312a10 NPP_SetWindow ***
D/Plugin ( 366): *** 0x312a10 NPP_Destroy ***
```

Android浏览器扩展

```
D/Plugin ( 366): *** NP_Shutdown ***
```

课后习题

1. 什么是 NPAPI？试描述 NPAPI 的框架结构。
2. Android 浏览器插件开发过程中是如何实现 NPAPI 的？
3. 简述 Android 浏览器插件的工作流程。

参 考 文 献

1. 维基百科：

   http://en.wikipedia.org/wiki/Android_(operating_system)

2. Android 官方文档：

   http://developer.android.com/guide/basics/what-is-android.html

3. Dalvik 虚拟机线识：

   http://hi.baidu.com/carvencao/blog/item/c3672064d7f2f031aa184cf2.html

4. WebKit 内核优点：

   http://bbs.zlsoft.com/home.php?mod=space&uid=18026&do=blog&id=1247

5. Android 系统魅力何在？：

   http://mobile.zol.com.cn/153/1538969.html

6. Android 官方文档，Views Tutorial：

   http://developer.android.com/resources/tutorials/views/index.html

7. Android 菜单：

   http://blog.csdn.net/hellogv/article/details/6168439

8. Android 对话框：

   http://www.cnblogs.com/salam/archive/2010/11/15/1877512.html

9. android-aidl-ipc-rpc-example：

   http://code.google.com/p/android-aidl-ipc-rpc-example/

10. Android ContentProvider：

    http://xuyuanshuaaa.iteye.com/blog/973755

11. 开放源码嵌入式数据库 SQLite 简介：

    http://www.ibm.com/developerworks/cn/opensource/os-sqlite/

12. Android SQLite 简介：

    http://gy890725.iteye.com/blog/782485

13. Android 官方文档 Multimedia and Camera：

    http://developer.android.com/guide/topics/media/index.html

14. Android 官方示例 ApiDemos/Graphics/PathEffects：

第11章 Android浏览器扩展

http://developer.android.com/resources/samples/ApiDemos/src/com/example/android/apis/graphics/PathEffects.html

15．Android 官方文档 Graphics→OpenGL：

http://developer.android.com/guide/topics/graphics/opengl.html

16．OpenGL ES Tutorial for Android：

http://blog.jayway.com/2009/12/03/opengl-es-tutorial-for-android-part-i/

17．Android 网络编程之 Http 通信：

http://52android.blog.51cto.com/2554429/496621

18．深入探讨 Android 传感器：

http://www.ibm.com/developerworks/cn/opensource/os-android-sensor/index.html

19．硬件传感器：

http://dev.10086.cn/cmdn/bbs/thread-41843-1-1.html

20．Android 官方文档 Sensors：

http://developer.android.com/guide/topics/sensors/index.html

21．构建 Android 平台 Google Map 应用：

https://developers.google.com/maps/documentation/android/

22．Android 官方文档 Location and Maps：

http://developer.android.com/guide/topics/location/index.html

23．Android 浏览器插件开发：

http://blog.csdn.net/qyqzj/article/details/5617220

反侵权盗版声明

电子工业出版社依法对本作品享有专有出版权。任何未经权利人书面许可，复制、销售或通过信息网络传播本作品的行为；歪曲、篡改、剽窃本作品的行为，均违反《中华人民共和国著作权法》，其行为人应承担相应的民事责任和行政责任，构成犯罪的，将被依法追究刑事责任。

为了维护市场秩序，保护权利人的合法权益，我社将依法查处和打击侵权盗版的单位和个人。欢迎社会各界人士积极举报侵权盗版行为，本社将奖励举报有功人员，并保证举报人的信息不被泄露。

举报电话：（010）88254396；（010）88258888
传　　真：（010）88254397
E-mail：　dbqq@phei.com.cn
通信地址：北京市万寿路173信箱
　　　　　电子工业出版社总编办公室
邮　　编：100036